UTB 2990

Eine Arbeitsgemeinschaft der Verlage

Böhlau Verlag · Köln · Weimar · Wien
Verlag Barbara Budrich · Opladen · Farmington Hills
facultas.wuv · Wien
Wilhelm Fink · München
A. Francke Verlag · Tübingen und Basel
Haupt Verlag · Bern · Stuttgart · Wien
Julius Klinkhardt Verlagsbuchhandlung · Bad Heilbrunn
Lucius & Lucius Verlagsgesellschaft · Stuttgart
Mohr Siebeck · Tübingen
Orell Füssli Verlag · Zürich
Ernst Reinhardt Verlag · München · Basel
Ferdinand Schöningh · Paderborn · München · Wien · Zürich
Eugen Ulmer Verlag · Stuttgart
UVK Verlagsgesellschaft · Konstanz
Vandenhoeck & Ruprecht · Göttingen
vdf Hochschulverlag AG an der ETH Zürich

Kerstin Pezoldt
Britta Sattler

Medienmarketing

Marketingmanagement für werbefinanziertes
Fernsehen und Radio

 Lucius & Lucius · Stuttgart

Anschrift der Autorinnen:
Priv.-Doz. Dr. oec. habil. Kerstin Pezoldt
Britta Sattler
Technische Universität Ilmenau
Fakultät für Wirtschaftswissenschaften
Fachgebiet Marketing
Helmholtzplatz 3
98693 Ilmenau

Bibliografische Information der Deutschen Nationalbibliothek
Die Deutsche Nationalbibliothek verzeichnet diese Publikation in der
Deutschen Nationalbibliografie; detaillierte bibliografische Daten sind
im Internet über http://dnb.ddb.de abrufbar

ISBN 978-3-8252-2990-0 (UTB)
ISBN 978-3-8282-0416-4 (Lucius & Lucius)

© Lucius & Lucius Verlagsgesellschaft mbH Stuttgart 2009
Gerokstr. 51, 70184 Stuttgart
www.luciusverlag.com

Umschlag: Sibylle Egger, Stuttgart
Druck und Einband: F. Pustet, Regensburg
Printed in Germany

UTB-Bestellnummer: 978-3-8252-2990-0

Für die wichtigsten Menschen
in unserem Leben

Vorwort

Das Wissen zum Marketing und Management von Medienunternehmen ist in den letzten Jahren gewachsen. Was bisher fehlt, ist ein Lehrbuch zum Marketing von werbefinanzierten Rundfunkunternehmen, das kurz und knapp einen systematischen Überblick über die marktorientierte Unternehmensführung bietet.

Marketing von werbefinanzierten Rundfunkunternehmen ist aufgrund des dichotomen Absatzmarktes, der spezifischen Wertschöpfungskette und der gesellschaftlichen Bedeutung von Medienprodukten anspruchsvoll. Dieses Buch bietet eine sachkundige Grundlage für die systematische Entscheidungsfindung in Rundfunkmärkten.

Es eignet sich für Studierende und Dozenten, die sich mit dem Marketing von werbefinanzierten Rundfunkunternehmen beschäftigen. In dreizehn Kapiteln wird das erforderliche Grundlagenwissen für eine theoretisch fundierte und praxisnahe akademische Ausbildung vermittelt. Auch für Praktiker, die in Fernseh- und Hörfunkunternehmen Marketingentscheidungen treffen, können die auf 180 Seiten dargelegten strategischen und taktischen Handlungsoptionen hilfreich sein.

„Medienmarketing" gliedert sich in vier Teile, wobei sich der Fokus systematisch auf einzelne Aspekte des Marketingmanagement von werbefinanzierten Fernseh- und Hörfunkunternehmen richtet. Das Buch orientiert sich am Prozess der strategischen Marketingplanung und behandelt in jedem Modul einen Planungsschritt. Praktische Beispiele untersetzen die einzelnen Schwerpunkte.

Es ist empfehlenswert, die ersten drei Module in der vorgegebenen Reihenfolge zu lesen, um eine klare Struktur und ein sinnvolles Systematisierungs- bzw. Denkschema zu erlernen. Gleichzeitig sind alle Module als abgeschlossene Themenfelder gestaltet, die unabhängig voneinander bzw. in anderer Reihenfolge bearbeitet werden können. Zu Beginn eines jeden Moduls sind Lernziele formuliert, die den Inhalt grob skizzieren. Am Ende eines jeden Kapitels befinden sich Übungsaufgaben, die das Lernen erleichtern.

Das Kompendium betrachtet marktorientierte Entscheidungsfindung in werbefinanzierten TV- und Radiounternehmen aus vier Blickrichtungen. Ausgehend von dem Verständnis medialer Märkte als Bezugs- und Zielobjekt wird im **ersten Modul** der moderne Marketingbegriff vorgestellt, welcher sich sowohl auf unternehmensexterne als auch auf unternehmensinterne Aspekte und Prozesse bezieht. Im

Mittelpunkt aller Aktivitäten werbefinanzierter Rundfunkunternehmen stehen die Rezipienten und die werbungtreibenden Unternehmen. Zur Erklärung des Verhaltens dieser beiden Gruppen von Marktteilnehmern sowie des Medienunternehmens werden ausgewählte Theorien vorgestellt und zur Analyse genutzt (**Theoriefokus**).

In einem **zweiten Modul** erfolgt im Rahmen der Marktforschung eine Analyse der Besonderheiten des Umfelds, der Marktpartner, der Zielgruppen und der Interaktionsmechanismen in Rundfunkmärkten. Anschließend wird auf unternehmensinterne Gegebenheiten von Medienunternehmen eingegangen (**Informationsfokus**).

Im **dritten Modul** liegt der Schwerpunkt auf der langfristigen und grundsätzlichen Marktbearbeitung werbefinanzierter Rundfunkunternehmen. Um eine Marketingkonzeption für die strategischen Geschäftsfelder in den zwei Zielmärkten Werbemarkt und Rezipientenmarkt zu entwickeln, werden strategische Optionen diskutiert und ihr Zusammenwirken erläutert (**Strategiefokus**).

Das **vierte** und umfangreichste **Modul** zeigt, mit welchen Instrumenten sich das entwickelte Strategiekonzept realisieren lässt (**Instrumentalfokus**). Besondere Aufmerksamkeit wird den verschiedenen Einsatzmöglichkeiten der vier Marketingmix-Instrumente Leistungspolitik, Preispolitik, Distributionspolitik und Kommunikationspolitik gewidmet. Hervorzuheben ist, dass die Marketinginstrumente gesondert für den Rezipienten- und den Werbemarkt betrachtet werden.

Danken möchten wir allen, die uns bei der Entstehung des Buches unterstützt haben. Über Hinweise, Anmerkungen oder Fragen würden wir uns freuen. Sie erreichen uns über die untenstehende E-Mail Adresse.

Ilmenau im April 2009

PD Dr. Kerstin Pezoldt   *Britta Sattler*

medienmarketing@tu-ilmenau.de

Inhaltsverzeichnis

Modul I: Grundlagen des Medienmarketing

Das erste Modul widmet sich den theoretischen Konstrukten, Zusammenhängen und Theorien, die notwendig sind, um ein tieferes Verständnis für die Besonderheiten des Marketing von Medienunternehmen zu entwickeln. Dabei wird davon ausgegangen, dass Medienmarketing eine spezielle Betriebswirtschaftslehre ist, die sich mit der marktorientierten Unternehmensführung von Medienunternehmen beschäftigt.

Nach der Bearbeitung dieses Moduls kennen die Lesenden die Grundlagen des Marketing in werbefinanzierten Medienunternehmen. Insbesondere können sie:

- unterschiedliche Medienbegriffe voneinander abgrenzen und einordnen sowie das Rieplsche Gesetz erklären,
- institutionelle Besonderheiten des Marketing von Medienunternehmen und die Spezifik der wirtschaftlichen Tätigkeit von werbefinanzierten Rundfunkunternehmen aufzeigen,
- Medienmarketing als duales Konzept erklären,
- Austauschprozesse in Medienmärkten, Grundprinzipien wirtschaftlichen Handelns und das Optimierungsproblem von werbefinanzierten Rundfunkunternehmen erläutern und auf den konkreten Fall anwenden.

1 Medienunternehmen

Medienunternehmen arbeiten im Gegensatz zu konsum- oder industriegüterproduzierenden Unternehmen in einem dualen Markt: dem Rezipienten- und dem Werbemarkt. Sie erstellen, bündeln und verbreiten Medienprodukte und müssen sich beständig mit dem Konflikt zwischen publizistischen Ansprüchen und ökonomischen Zielsetzungen auseinandersetzen. Die Spezifik von Medienprodukten, ihr Absatz auf zwei Märkten sowie ihre gesellschaftliche und politische Bedeutung stellen spezielle Anforderungen an das Marketing von Unternehmen in der Medienbranche.

1.1 Medien als Erkenntnisobjekt

Medien bestimmen in der Mediengesellschaft die Wahrnehmung und Lebenswelt. Ohne Medien ist eine moderne Gesellschaft nicht funktionsfähig. Der Begriff **Medium** kommt aus dem Lateinischen und bedeutet Mittelglied, etwas Vermittelndes, Dazwischenliegendes. Es handelt sich demzufolge um ein Vermittlungssystem für Informationen aller Art.

Bisher gibt es keine eindeutige Definition für den Begriff Medium. Er wird von vielen Wissenschaften genutzt, die ihm unterschiedliche fachspezifische Bedeutungsinhalte und Funktionen zuweisen. Medien können folgendermaßen klassifiziert werden (Pross 1972):

Primärmedien (Menschmedien): Medien ohne notwendigen Einsatz von Technik (z. B. Theater),

Sekundärmedien (Schreib- und Druckmedien): Medien mit Technikeinsatz auf der Produktionsseite (z. B. Buch, Zeitung),

Tertiärmedien (elektronische Medien): Medien mit Technikeinsatz auf Produktions- und Rezeptionsseite (z. B. Radio, Fernsehen, CD, DVD),

Quartiärmedien (digitale Medien): Medien, bei denen der Technikeinsatz auf Produktions-, Distributions- und Rezeptionsseite erfolgt. Ihr Einsatz geht mit der Auflösung der traditionell bestehenden, überwiegend einseitig ausgerichteten Sender-Empfänger-Beziehung einher (z. B. Computer, World Wide Web).

Die Klassifizierung zeigt, dass der Begriff Medium in zweierlei Hinsicht zu interpretieren ist. Zum einen ist es eine betriebswirtschaftliche Einheit (Medienunternehmen), die Medienprodukte erstellt, bündelt und vertreibt. Zum anderen wird darunter ein System für die Vermittlung von Informationen (Medium als Kanal) in Form von technischen Geräten oder Informationsträgern verstanden, die Medienprodukte zu den Empfängern transportieren (Maletzke 1998, S. 51).

Für das eindeutige Verständnis wird in diesem Buch unter einem **Medium** ein Träger und Übermittler von Informationen verstanden, mit dessen Hilfe die Kommunikation zwischen Sender und Empfänger erfolgt. Ein Medium hat die Aufgabe, Informationen von einem Individuum (Sender, Expedient) auf ein anderes Individuum (Empfänger, Rezipient) zu übertragen.

Wenn Informationen zwischen einzelnen Individuen (Individualmedien) im persönlichen direkten Kontakt übertragen werden, spricht man von **Individualkommunikation**. Um **Massenkommunika-**

tion handelt es sich, wenn größere soziale Gruppen oder Organisationen sowohl auf der Sender- als auch auf der Empfängerseite am Kommunikationsprozess beteiligt sind. Bei der Massenkommunikation sind die Sender meist komplexe Organisationen mit Spezialisten, die arbeitsteilig unter Einsatz technischer Hilfsmittel planmäßig Kommunikationsinhalte erstellen. Zu ihnen zählen beispielsweise Zeitungsverlage, Nachrichtenagenturen, Rundfunksender, Musikverlage und Content-Provider.

Sender und Empfänger kennen sich bei der Massenkommunikation nicht persönlich. Die Rezipienten nehmen die Kommunikationsinhalte individuell, also nicht in der Masse, auf (z. B. beim Radio hören oder fernsehen).

Medienunternehmen nutzen für die Verbreitung ihrer Produkte **Massenmedien**. Zu ihnen zählen beispielsweise Zeitungen, Zeitschriften, Bücher, Radio, Fernsehen, CDs, DVDs und das World Wide Web. Sie befriedigen die Bedürfnisse der Menschen nach Information, Bildung, Unterhaltung, Prestige sowie neuem Gesprächsstoff. Darüber hinaus strukturieren z. B. das Fernsehen und das Radio den Alltag.

Die Einführung digitaler Technologien im Bereich der Medien führte zur Diskussion, ob Medien austauschbar sind bzw. eines Tages zu einem einzigen Medium zusammenwachsen. Diese Fragen können vor dem Hintergrund der Konvergenz- oder der Komplementärthese diskutiert werden.

Als Reaktion auf den Prozess der Digitalisierung entstand die **Konvergenzthese**. Sie besagt, dass sich die einzelnen Medien einander annähern, immer ähnlicher werden und langfristig ein einziges Medium bilden (Greenstein/Khanna 1997, S. 201-226; Ulbrich 1998, S. 100-105). **Technische Konvergenz** liegt vor, wenn durch den Einsatz digitaler Technologien die Branchen Rundfunk, Telekommunikation und Informationstechnologie zusammenwachsen (Sjurts 2000, S. 31). Derzeit vollzieht sich eine Annäherung dieser Branchen mit teilweisen Substitutionseffekten. Wurden bisher mediale Inhalte über Kabel-, Satelliten- und terrestrische Netze übertragen, so finden nun Telefon-, Computer- und Stromnetze mehr Beachtung. Die technische Medienkonvergenz scheint in naher Zukunft realisierbar.

Betrachtet man das Rezipientenverhalten, tritt die **Komplementärthese** in den Vordergrund. Sie besagt, dass sich alte und neue Medien ergänzen. Diese These basiert auf dem **Rieplschen Gesetz**, nach welchem „… die einfachsten Mittel, Formen und Methoden, wenn sie nur einmal eingebürgert und brauchbar befunden worden sind, auch von den vollkommensten und höchstentwickelten niemals wieder gänzlich und dauernd verdrängt und außer Gebrauch gesetzt werden können, sondern sich neben diesen erhalten, nur daß sie genötigt werden, andere Aufgaben und Verwertungsgebiete aufzusuchen." (Riepl 1913, S. 5). Jedes Medium schafft für den Rezipienten einen bestimmten Nutzen. Kommt ein neues Medium hinzu, welches die Bedürfnisse besser als das alte befriedigen kann, muss sich das alte Medium an die veränderte Situation anpassen.

Welche Funktionen ein Medium übernimmt, hängt von seinen Eigenschaften (Produktions-, Distributions- und Rezeptionsbedingungen), der Qualität des Mediums, den Bedürfnissen der Nutzer, den Konkurrenzangeboten, dem Stand der Technik und von den gesetzlichen Bestimmungen im Land ab. Nach Riepl braucht ein Medium zum Überleben eine exklusive Aufgabe, etwas, was kein Konkurrenzmedium besser kann. Entscheidend dafür, ob ein Medium weiter existiert, sind in erster Linie die Kommunikationsbedürfnisse der Rezipienten. Jahrelang wurde vorausgesagt, dass das gedruckte Buch oder die Tageszeitung durch Onlineangebote bzw. Hörbücher vom Markt verdrängt werden würden. Tatsache ist, dass diese Medien in friedlicher Koexistenz unterschiedliche Bedürfnisse der Rezipienten befriedigen (Keuper 2003, S. 3 ff.). Auch werden Medien, wie z. B. Radio, Fernsehen und Internet, neben- bzw. nacheinander genutzt.

Zusammenfassend ist zu sagen, dass sich im Bereich digitaler Technologien, vorrangig bei der Produktion, Bündelung und Distribution von medialen Inhalten, die Konvergenzprozesse verstärken. Gleichzeitig vollzieht sich aufgrund der wachsenden individuellen Bedürfnisse der Rezipienten ein Differenzierungsprozess, der die Komplementärthese bekräftigt. Letztendlich stellen die unter der Komplementär- und der Konvergenzthese dargestellten Prozesse zwei Seiten ein und derselben Entwicklung dar, die einander bedingen.

1.2 Medienunternehmen und Medienprodukte

Das Untersuchungsobjekt im Medienmarketing sind Medienunternehmen. Medienunternehmen stellen Inhalte zur Information, Bildung und Unterhaltung bereit, die sie über Massenmedien verbreiten. Ihre Aufgabe besteht in der Konzeption, Produktion, Bündelung und Verbreitung von Medienprodukten, die der Befriedigung von Bedürfnissen dienen. Ein **Medienunternehmen** ist ein juristisch selbständiger, nach wirtschaftlichen Prinzipien arbeitender Produktionsbetrieb zur Fremdbedarfsdeckung, der selbständig Entscheidungen trifft und das Marktrisiko trägt. Das Risiko besteht in der Ungewissheit, ob die erstellten Medienprodukte den Kundenbedürfnissen entsprechen und Abnehmer finden bzw. ob ein Wettbewerber ein besseres Angebot auf den Markt bringt.

Ein Medienunternehmen kombiniert durch selbständige Entscheidungen Produktionsfaktoren wie Personal, Material, Rechte zu Medienprodukten. Jedes Medienunternehmen hat wirtschaftliche, politische, soziale und kulturelle Aufgaben und nimmt eine öffentliche bzw. quasi-öffentliche Stellung mit großer gesellschaftlicher Verantwortung ein. Politische und kulturelle Aufgaben entstehen dadurch, dass ein Medienunternehmen nicht nur ein Wirtschaftsgut, sondern gleichzeitig ein Kulturgut mit Themen für die öffentliche Diskussion erstellt (Weber/Rager 2006, S. 122).

Neben den erwerbswirtschaftlich organisierten (privaten) Medienunternehmen gibt es in Deutschland öffentliche Medienunternehmen: die öffentlich-rechtlichen Rundfunkanstalten. Ihre Leistungen decken den gesamtgesellschaftlichen Bedarf an Medienprodukten.

Medienunternehmen lassen sich nach unterschiedlichen **Kriterien** klassifizieren.

Nach dem **Kriterium der genutzten Massenmedien** können Unternehmen der Medienbranche in Teilmärkte (Mediengattungen) eingruppiert werden (Abbildung 1). Aufgrund der Vielfalt der angebotenen Produkte und der möglichen intermediären Verknüpfungen können Medienunternehmen nur bedingt in diese Gruppen eingeordnet werden. Große Medienunternehmen, wie die Verlagsgruppe Georg von Holtzbrinck mit Sitz in Stuttgart, produzieren nicht nur Zeitungen, wie „Die Zeit" und „Der Tagesspiegel", sie stellen auch Bücher in ihren Verlagen her, zu denen u. a. der S. Fischer Verlag und der Rowohlt Verlag gehören. Die Holtzbrinck Gruppe ist gleichzeitig in onlinebasierten Geschäftsfeldern, wie StudiVZ, markt.de, immowelt.de und buecher.de tätig. Ein weiteres Geschäftsfeld ist die Produktion von Informations-, Kultur- und Unterhaltungssendungen für öffentlich-rechtliche und private Fernsehsender (www.holtzbrinck.com 2009).

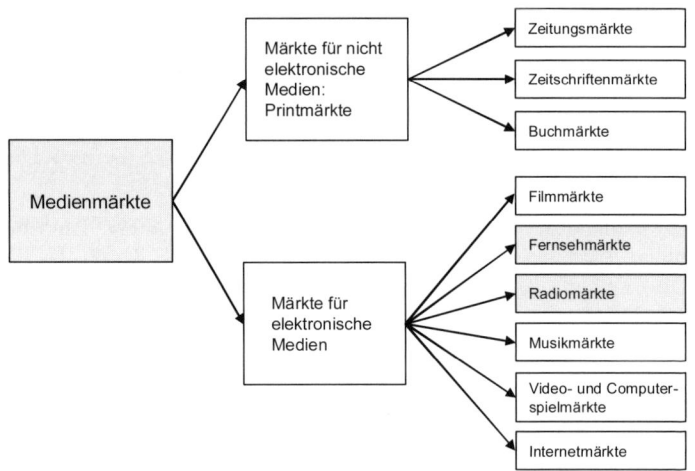

Abbildung 1: Teilmärkte der Medienbranche (in Anlehnung an Wirtz 2006, S. 22)

Medienunternehmen gehören zur TIME-Branche. Diese umfasst **T**elekommunikation, **I**nformationstechnik, **M**edien und **E**ntertainment. Aufgrund der Technologieentwicklung sowie des wirtschaftlichen und gesellschaftlichen Wandels verstärken sich die Konzentrationsprozesse und Verflechtungen sowohl innerhalb der Teilmärkte als auch innerhalb der TIME-Branche. Infolge dieser Prozesse agieren viele Unternehmen in mehreren Medienteilmärkten und Branchen. Die Bertelsmann AG, als größtes Medienunternehmen Deutschlands, ist nicht nur in verschiedenen TIME-Branchen, sondern auch in Medienteilmärkten, wie dem Rundfunk-, Zeitungs-, Buch- und Musikmarkt, tätig. Gleichzeitig verfügt sie über Geschäftsfelder in der Speichermedienproduktion, im Druckwesen, im Bereich IT-Dienstleistungen und im Direktmarketing (www.bertelsmann.com 2009).

Ein zweites Klassifikationskriterium ist das **Zielsystem** von Medienunternehmen. Während kommerzielle Medienunternehmen privatwirtschaftliche Ziele, wie Gewinnsteigerung, Umsatzsteigerung, Erhöhung der Rentabilität und des Marktanteils verfolgen, richten öffentliche Unternehmen ihre Tätigkeit an gemeinwirtschaftlichen Zielen, wie optimale Bedarfsdeckung, Kostendeckung und Verlustreduktion, aus. Anhand des Zielsystems sind Medienunternehmen in kommerzielle (Profit-Unternehmen) und gemeinnützige (Non-Profit-Unternehmen) einzuordnen (Gläser 2008, S. 644).

Die meisten Medienunternehmen sind kommerziell ausgerichtet. Ihre Aktivitäten dienen der Gewinnerwirtschaftung. Nur bei den öffentlich-rechtlichen, staatlichen und gemeinnützigen Medienunternehmen steht das Gemeinwohl im Vordergrund. Das ZDF formuliert dazu auf seiner Homepage: „Das ZDF als öffentlich-rechtliches Programmangebot unterscheidet sich von kommerziellen Angeboten durch die Werte, die es sowohl für den Einzelnen als auch für die Gesellschaft vermittelt und schafft. Das Programm erfüllt elementare Bedürfnisse des Publikums nach Information, Orientierung, Teilhabe an gesellschaftlich bedeutsamen Ereignissen und Unterhaltung." (www.zdf.de 2009).

Werbefinanzierte Medienunternehmen erstellen Medienprodukte, die der Bedürfnisbefriedigung der Rezipienten und der Zielerreichung der werbungtreibenden Wirtschaft dienen. Oftmals gehen Medienprodukte als Vorprodukte in den Wertschöpfungsprozess anderer Unternehmen ein, wie z. B. eigenproduzierte Spielfilme oder Nachrichten, die an ein anderes Medienunternehmen weiterverkauft werden. Medienprodukte sind in erster Linie Inhalte (Content). Sie werden mit dem Ziel erstellt, die Rezipienten zu informieren, zu bilden und zu unterhalten. Inhalte sind Informationen, die durch redaktionelle Mittel (Sprachstil, Darstellungsform etc.) zweckorientiert angereichert wurden und urheberrechtlich geschützt werden können. Werbefinanzierte Medienunternehmen integrieren in ihre Inhalte die Botschaften ihrer zweiten Kundengruppe, der werbungtreibenden Unternehmen.

Medienprodukte unterscheiden sich in folgenden **Merkmalen** von Produkten anderer Branchen:

Duale Güter: Medienprodukte sind duale Güter, die zwei Bestandteile enthalten: Inhalte (publizistisch-redaktionelle Leistung) und Werbebotschaften (Inhalte der werbungtreibenden Industrie). Erst die Einbindung der Werbebotschaften in die redaktionellen Inhalte ermöglicht den Kontakt mit der werberelevanten Zielgruppe. Das Medienprodukt ist demzufolge ein Verbundprodukt, was beide Leistungsbestandteile in sich vereint.

Transportmedium: Die Übermittlung von Medienprodukten ist an ein Massenmedium gekoppelt. Erst dessen Nutzung ermöglicht den Transport der gebündelten Inhalte. Die Bindung des Medienprodukts an ein Massenmedium gewährleistet, dass für die Rezipienten und die Werbekunden Nutzen generiert wird.

Medienprodukte lassen sich in Trägermedienprodukte und elektronische Medienprodukte einteilen (Gläser 2008, S. 119). **Trägermedienprodukte** sind danach zu unterscheiden, ob sie in gedruckter Form (z. B. Zeitungen, Bücher) oder in elektronischer Form (z. B. Tonträger, Software) verbreitet werden. Durch die Koppelung an einen Träger werden diese Medienprodukte zu Sachleistungen. **Elektronische Medienprodukte**, die Rundfunkunternehmen und Onlineanbieter erstellen, benötigen kein materielles Trägermedium, sondern ein Reproduktionsmedium. Sie werden erst im Moment ihrer Übertragung auf das Reproduktionsmedium (Radiogerät, Fernsehgerät, PC, iPhone) von den Rezipienten konsumiert.

Zwei Absatzmärkte: Medienprodukte werden sowohl auf dem Werbemarkt als auch auf dem Rezipientenmarkt angeboten. Auf dem Rezipientenmarkt bieten Medienunternehmen Inhalte an, welche für die Rezipienten einen besonderen Wert darstellen. Auf dem Werbemarkt werden mögliche Zielgruppenkontakte an die werbungtreibende Wirtschaft verkauft. Erst durch den Vollzug dieser Austauschprozesse auf beiden Märkten kann ein werbefinanziertes Medienunternehmen am Markt bestehen und Erlöse generieren.

Erfahrungs- und Vertrauensgut: Als Erfahrungsgut werden die Güter bezeichnet, deren Qualität vor der Nutzung nicht beurteilt werden kann. Der Informationsgehalt und der Wert einer Reportage kann beispielsweise erst nach deren Rezeption beurteilt werden. Der Rezipient ist aber selbst nach der Rezeption dieser Reportage nicht dazu in der Lage, ihre Qualität (z. B. Wahrheitsgehalt, Vollständigkeit) umfassend zu beurteilen. In diesem Sinne ist ein Medienprodukt auch ein Vertrauensgut.

Unikat: Medienprodukte werden im Gegensatz zu den meisten Produkten in Einzelfertigung erstellt. Durch die Produktion und Bündelung von Inhalten wird die First-Product-Copy in Form eines Unikats erstellt. Sie dient als Vorlage für alle später am Markt vertriebenen Einheiten. Bei der Erstproduktion des Unikates entsteht ein Großteil der Kosten, bei denen der Fixkostenanteil besonders hoch ist. Weitaus geringere Kosten fallen für die Erzeugung von Kopien und deren Distribution an. Aufgrund der hohen Herstellungskosten (First Copy Costs) ist das unternehmerische Risiko der Marktakzeptanz besonders hoch.

Die Entstehung eines Medienproduktes ist mit Hilfe der Wertketten-analyse von Porter gut nachvollziehbar (Porter 1999). Innerhalb eines Medienunternehmens erfolgt die Wertschöpfung als Vorgang der Wertentstehung in mehreren Stufen (Aktivitäten). Jede Aktivität beinhaltet die Kombination von Produktionsfaktoren, wobei auf jeder Stufe Wertzuwachs erzielt wird (Abbildung 2). Der innerbe-triebliche **Wertschöpfungsprozess** besteht aus sieben Stufen (Glä-ser 2008, S. 395 ff.):

Initiierung: Durch eine unternehmerische Entscheidung wird der Wertschöpfungsprozess als Inhalteerstellungsprozess im Medienun-ternehmen ausgelöst.

Beschaffung: Sie beinhaltet die Beschaffung von fertigen Inhalten innerhalb und außerhalb des Unternehmens, d. h. die Recherche nach eigenem Material, den Kauf von Rechten und den Tausch von Programmmaterial.

Herstellung: Es handelt sich um den Prozess der Produktion neuer Inhalte, beginnend mit der Konzeption über die Kreation und die Produktion. Die Inhalte können sowohl selbst, durch externe Pro-duktionsfirmen oder in Kooperation erstellt werden.

Packaging: Die produzierten Inhalte werden zu einem vermark-tungsfähigen Medienprodukt gebündelt. Im werbefinanzierten Rund-funk führt man beim Packaging die redaktionellen Inhalte und die Werbebotschaften zu einem optimalen zielgruppenspezifischen Pro-gramm zusammen.

Vervielfältigung: Sie wird immer dann notwendig, wenn die Inhalte durch materielle Trägermedien (z. B. Zeitungen, Zeitschriften, Bü-cher, CDs und DVDs) transportiert werden. Bei nichtmateriellen Inhalten, beispielsweise Radio- und Fernsehprogrammen, stehen den relativ hohen First-Copy-Costs vergleichsweise geringe Vervielfälti-gungskosten gegenüber.

Distribution: Darunter ist die technische Verbreitung der produzier-ten Inhalte an die Rezipienten zu verstehen. Elektronische Medien-produkte werden über technische Systeme, wie Terrestrik, Kabel, Satellit und Internet verbreitet. Der Vertrieb von Medienprodukten auf materiellen Trägern erfolgt über spezialisierte Distributionsorga-ne (z. B. Handel) zum Rezipienten.

Nutzung: Auf dieser letzten Stufe des Wertschöpfungsprozesses erfolgt die konkrete, überwiegend individuelle, Nutzung der produzierten Inhalte. Je nach Trägerart kann das Medienprodukt zeitgleich (zum Zeitpunkt der Ausstrahlung) oder aber zeitversetzt (z. B. Videorekorder, Video-on-Demand, Pay-Per-View) rezipiert werden.

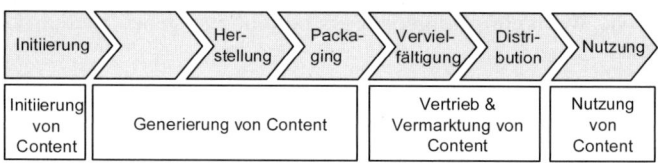

Abbildung 2: Wertschöpfungsprozess im Fernsehen (in Anlehnung an Gläser 2008, S. 395)

Wie die Abbildung 2 zeigt, wird in den Stufen 2, 3 und 4 der Wertschöpfungskette das Medienprodukt erstellt. Beim Fernsehen kann das entweder durch Eigenproduktion oder Fremdbezug erfolgen. In der Stufe 4 (Packaging) werden die Werbebotschaften optimal in die redaktionellen Inhalte eingebunden und ein vermarktungsfähiges, zielgruppengerechtes Produkt gestaltet.

Die **Digitalisierung** führt zu einer Veränderung der traditionell gewachsenen Wertschöpfungskette, da die Inhalte immer stärker dematerialisiert werden. Infolgedessen können Medienprodukte von ihren herkömmlichen materiellen Trägermedien gelöst und völlig problemlos in unterschiedlichen Teilmärkten der TIME-Branche vertrieben werden. Beispielsweise strebt die ProSiebenSat.1 Media AG eine 360-Grad-Kommunikation an, bei der die Werbekunden nicht nur Werbeflächen im TV-Programm buchen können. Ihnen wird die Möglichkeit geboten, Werbebotschaften über die gesamte audiovisuelle Wertschöpfungskette des TV-Senders zu verbreiten. Eine Werbebotschaft kann neben der TV-Ausstrahlung im Werbeblock oder als Sonderwerbeform durch weitere sendereigene Medien verbreitet werden. Dazu zählen Video-Ads bei kostenloser Ausstrahlung im Internet, Sponsoring des Formats auf der Online-Videothek maxdome, Banner auf einer Microsite, Gewinnspiele mittels Podcasts, mobilem Marketing oder Ingame-Advertising (www.prosiebensat1.com 2009).

1.3 Werbefinanzierter Rundfunk

Rundfunk bezeichnet die Übertragung von Informationen jeglicher Art (Bild, Ton, Text etc.) über elektromagnetische Wellen an die Öffentlichkeit. Rundfunk ist ein Sammelbegriff für die Massenmedien Fernsehen und Hörfunk. Laut Rundfunkstaatsvertrag ist Rundfunk die für die Allgemeinheit bestimmte Veranstaltung und Verbreitung von Darbietungen aller Art in Wort, in Ton und Bild unter Benutzung elektromagnetischer Schwingungen. Der Begriff schließt Darbietungen, die verschlüsselt verbreitet werden oder gegen besonderes Entgelt empfangbar sind sowie Fernsehtext ein.

Unter den Begriffen Radio und Fernsehen wird sowohl das Empfangsgerät als auch das Medienunternehmen verstanden. Der Untersuchungsgegenstand dieses Buches ist zum einen das **Radio** als Hörfunksender mit seinem Produkt, welches aus Informationen, Nachrichten und Musik besteht. Zum anderen steht das Fernsehen als wichtigstes und einflussreichstes Massenmedium in Deutschland im Zentrum der Betrachtungen. Das **Fernsehen** als Medienunternehmen erstellt und vertreibt ein Produkt, welches aus audiovisuellen Inhalten (Bild- und Tonsignalen) besteht.

In Deutschland existiert seit 1984 ein **duales Rundfunksystem**, in dem zwei Grundformen von Rundfunkanbietern nebeneinander agieren: die öffentlich-rechtlichen und die privatwirtschaftlichen Rundfunkunternehmen. Die **öffentlich-rechtlichen Rundfunkanbieter** haben die in den Rundfunkgesetzen und im Staatsvertrag festgeschriebene Aufgabe zur Gestaltung von Programmen, die eine Sicherung der Meinungsvielfalt gewährleisten sollen. Der Programmauftrag bezieht sich auf drei Bereiche: die Absicherung der Grundversorgung der Bevölkerung, die flächendeckende technische Verbreitung der Programme und die Gestaltung eines inhaltlich umfassenden Programmangebots mit den Elementen Information, Bildung sowie Unterhaltung. Öffentlich-rechtliche Anbieter finanzieren sich aus den Rundfunkgebühren. In begrenztem Maße ist ihnen eine Mischfinanzierung durch Werbung gestattet.

Privatwirtschaftliche Rundfunkanbieter unterliegen keinem Programmauftrag. Jedoch müssen auch sie bestimmte Gesetze und Regelungen beachten. Sie bieten ihre Leistungen an, um Gewinn zu erwirtschaften. Zu den Privatsendern zählen Rundfunkanbieter, die sich durch Werbung finanzieren (Free-TV, Free-Radio) und entgeltfinanzierte Anbieter (Pay-TV). Das Geschäftsmodell der Pay-TV-

Anbieter basiert auf der Direktbezahlung des Programms durch die Zuschauer. Einen Spezialfall bilden die Teleshopping-Sender, die sich durch die Präsentation und den Verkauf von Produkten und Dienstleistungen finanzieren. Als letzte Anbietergruppe auf dem Rundfunkmarkt sind die nichtkommerziellen (gemeinnützigen) Rundfunkanbieter zu nennen.

Auf dem Rundfunkmarkt werden Redaktionsgüter in Form von Inhalten (Content), die für den Rezipienten einen besonderen Mehrwert haben, angeboten. Im Gegensatz zum öffentlich-rechtlichen Rundfunk arbeitet der werbefinanzierte Rundfunk nicht nur auf dem Rezipientenmarkt. Er muss zur Finanzierung seiner Tätigkeit gleichzeitig auf dem Werbemarkt Werbeplätze anbieten, die für werbungtreibende Unternehmen einen Mehrwert darstellen.

In Abhängigkeit von der Art ihrer Finanzierung vollziehen Rundfunkunternehmen auf ihren Märkten unterschiedliche **Transaktionen**. Eine Transaktion ist eine Austauschbeziehung, die sich durch Güter-, Geld- und Informationsströme beschreiben lässt. Beim **öffentlich-rechtlichen Rundfunk** nehmen an der Transaktion mindestens drei Akteure teil: das öffentlich-rechtliche Rundfunkunternehmen, der Staat und die Rezipienten. Der Staat organisiert die Finanzierung des Senders durch die Gebühreneinzugszentrale (GEZ). Sie erhebt bei allen Bürgern, die ein Rundfunkempfangsgerät besitzen, die Rundfunkgebühren. Die Rezipienten müssen nach Entrichtung der Rundfunkgebühren keine weiteren Zahlungen leisten und können das Programmangebot in vollem Umfang nutzen.

Voraussetzung für eine Gewinnerzielung bei den **Privatsendern** ist die Veräußerung ihres Medienproduktes auf dem Markt. Ein Austauschprozess findet nur statt, wenn das Medienprodukt für den Kunden einen Wert hat, d. h. wenn es ein Bedürfnis befriedigen kann. Bei **entgeltfinanzierten Rundfunkunternehmen** (Pay-TV) erfolgt ein einfacher Tausch. Gegen Entgelt kann der Kunde für die Dauer seines Abonnements das Fernsehprogramm bzw. ausgewählte Programmbestandteile empfangen.

Werbefinanzierte Rundfunksender müssen zur Gewinnerzielung Transaktionsprozesse auf zwei Absatzmärkten generieren. Auf dem Rezipientenmarkt erhält der Zuschauer ein kostenloses Programmangebot, das er rezipieren kann. Auf dem Werbemarkt bietet der Sender den Werbekunden in das Programm integrierte Werbeplätze an. Erlöse können nur durch den Austauschprozess (Geld gegen Werbeplätze) mit den Werbekunden erzielt werden.

Die Analyse der Transaktionen hat gezeigt, dass der generelle Unterschied zwischen öffentlich-rechtlichen und privaten Rundfunkunternehmen in der Art der Finanzierung ihrer Aktivitäten (Erlösquelle) besteht.

Aufgaben

1. Was ist ein Medium und wie können Medien klassifiziert werden?

2. Erläutern Sie, ausgehend von der Konvergenzthese, das Rieplsche Gesetz!

3. Was verstehen Sie unter einem Medienunternehmen? In welchen Formen treten sie auf? Wie können sie klassifiziert werden?

4. Kennzeichnen Sie die Merkmale eines Medienproduktes!

5. Erläutern Sie den Wertschöpfungsprozess eines Medienunternehmens!

6. Vergleichen Sie den werbefinanzierten Rundfunk mit dem öffentlich-rechtlichen Rundfunk!

Literatur

Gläser, M.: Medienmanagement, München 2008

Greenstein, S./Khanna, T.: What Does Industry Convergence Mean?, in: Yoffie, D. B. (Hrsg.): Digital Convergence, Boston 1997, S. 201-226

Keuper, F.: Convergence-based View – Strategieplanung in der TIME-Branche, in: Brösel, G./Keuper, F. (Hrsg.): Medienmanagement. Aufgaben und Lösungen, München, Wien 2003, S. 3-27

Maletzke, G.: Kommunikationswissenschaft im Überblick. Grundlagen – Probleme - Perspektiven, Opladen 1998

Porter, M. E.: Wettbewerbsvorteile – Spitzenleistungen erreichen und behaupten, 10. Aufl., Frankfurt, New York 1999

Pross, H.: Medienforschung, Darmstadt 1972

Riepl, W.: Das Nachrichtenwesen des Altertums mit besonderer Rücksicht auf die Römer, Leipzig 1913

Sjurts, I.: Chancen und Risiken im globalen Medienmarkt - Die Strategien der größten Medien-, Telekommunikations- und Informationstechnologiekonzerne. in: Hans-Bredow-Institut (Hrsg.): Internationales Handbuch für Hörfunk und Fernsehen, Baden-Baden, Hamburg 2000, S. 28-41

Weber, B./Rager, G.: Medienunternehmen – Die Player auf den Medienmärkten, in: Scholz, C. (Hrsg.): Handbuch Medienmanagement, Berlin 2006, S. 117- 143

Wirtz, B. W.: Medien- und Internetmanagement, 5., überarb. Aufl., Wiesbaden 2006

Ulbrich, M.: Konvergenz der Medien auf europäischer Ebene – Das Grünbuch der europäischen Kommission, in: Kommunikation & Recht, 1998, Heft 3, S. 100-105

Links

www.bertelsmann.com

www. holtzbrinck.com

www.prosiebensat1.com

www.zdf.de

2 Medienmarketing

Medienmarketing ist eine relativ neue spezielle Betriebswirtschaftslehre (BWL), deren Forschungsgegenstand das Marketing von Medienunternehmen bildet. Auslöser für die Entwicklung dieser Wissenschaft ist die Kommerzialisierung von Medienangeboten und damit einhergehende Veränderungen der Rahmenbedingungen in allen Medienteilmärkten. Das Medienmarketing hat sich in den letzten 14-15 Jahren zu einem neuen Teilgebiet der Betriebswirtschaftslehre entwickelt. Derzeit wird das Fach an mehr als 40 Universitäten, Fachhochschulen und Berufsakademien im deutschsprachigen Raum gelehrt.

Aufgrund des Neuheitsgrades und des interdisziplinären Charakters gibt es jedoch noch keine einheitliche Definition für diese spezielle BWL. Auch andere Wissenschaften, wie z. B. die Kommunikationswissenschaften, Medienwissenschaften und Medienökonomie, beschäftigen sich mit dem Untersuchungsobjekt Medien aus ihrer Perspektive.

2.1 Begriff und Besonderheiten des Medienmarketing

Die marktorientierte Unternehmensführung von werbefinanzierten Medienunternehmen ist für Theorie und Praxis umfassender und anspruchsvoller, weil zwei Märkte mit divergierenden Ansprüchen simultan bearbeitet werden müssen.

Der Begriff **Marketing** ist vom Englischen „market" abgeleitet und bedeutet Markt bzw. Vermarktung. Im weitesten Sinne versteht man unter Marketing alle unternehmerischen Aktivitäten, die auf Absatzmärkte gerichtet sind. Ein Markt ist ein Ort, an dem das Angebot an und die Nachfrage nach Produkten und Dienstleistungen aufeinandertreffen. Im Marketing rückt bei allen Markttransaktionen der Kunde mit seinen Wünschen und Bedürfnissen in den Mittelpunkt der Betrachtungen (Gelbrich et al. 2008, S. 2).

Um Marketingaktivitäten fundiert zu planen, müssen Medienunternehmen ihre relevanten Absatzmärkte kennen. Diese **Märkte** lassen sich anhand der Akteure und deren Interessen folgendermaßen abgrenzen (Homburg/Krohmer 2009, S. 3):

Nachfrager: Bestimmung des Marktes anhand der Kunden des Unternehmens. Kunden sind diejenigen, die die Produkte kaufen. Im Rezipientenmarkt kann das zum Beispiel die Zielgruppe der 3-13-Jährigen sein, die bestimmte Programme rezipieren.

Anbieter: Bestimmung des Marktes anhand der vorhandenen, miteinander konkurrierenden Anbieter. Im Hörfunkmarkt konkurrieren die Radiosender mit ihren Leistungen um die Gunst der Zuhörer und Werbekunden.

Produkte: Bestimmung des Marktes anhand der Produkte bzw. Dienstleistungen. So unterscheidet sich der Markt für Zeitschriften sehr stark vom Rundfunkmarkt.

Bedürfnisse: Bestimmung des Marktes anhand bestimmter Bedürfnisse oder Bedürfniskategorien der Nachfrager, z. B. Markt für Bildung oder Markt für klassische Musik.

Im Medienmarketing stehen die Bedürfnisse der Rezipienten und der Werbekunden im Mittelpunkt. Deshalb ist die Marktabgrenzung anhand der Nachfrager und deren Bedürfnissen vorzunehmen.

Auch für Medienmärkte gelten zwei sich ergänzende Sichtweisen auf Märkte (Homburg/Krohmer 2006, S. 2). Zum einen sind Medienmärkte **Bezugsobjekte** des Marketing. Marketing findet sowohl auf dem Rezipienten- als auch auf dem Werbemarkt statt. Der Handlungsspielraum für das Marketing wird von den Marktpartnern und den vorherrschenden Rahmenbedingungen beeinflusst. Zum anderen sind Märkte **Zielobjekte** des Marketing, weil jedes Medienunternehmen mittels der Marketingaktivitäten seine Märkte gestalten und seine Kunden beeinflussen möchte.

Medienmarketing umfasst sowohl unternehmensexterne als auch unternehmensinterne Aspekte, die bei der Durchführung von Marketingaktivitäten zu berücksichtigen sind. Die **unternehmensexterne Ausrichtung** bedeutet, dass Planung, Durchführung, Koordination und Kontrolle aller Entscheidungen und Handlungen des Medienunternehmens auf die derzeitigen und zukünftigen Medienmärkte gerichtet sind. Das Medienunternehmen konzentriert alle seine Aktivitäten auf die Bedürfnisse der Kunden (Marktorientierung). Das beinhaltet die systematische Informationsgewinnung über die Marktgegebenheiten und die Gestaltung der Marketingaktivitäten entsprechend der strategischen Ausrichtung des Unternehmens. Die **unternehmensinterne Ausrichtung** des Medienmarketing besteht darin, im Medienunternehmen alle Voraussetzungen zur effektiven und effizienten Umsetzung der marktbezogenen Aktivitäten zu schaffen. In diesem Sinne wird die Marktorientierung zu einer Unternehmensphilosophie, an der sich alle Unternehmensbereiche auszurichten haben. Wichtig ist neben der marktorientierten Führung des Medienunternehmens auch eine entsprechende Gestaltung der Marketingorganisation und des –controlling.

Die sieben Merkmale des Marketing können folgendermaßen auf das Medienmarketing übertragen werden (Meffert 2000, S. 8 f.):

Philosophieaspekt: Die bewusste Absatz- und Kundenorientierung aller Unternehmensbereiche. Nicht das Produkt, sondern die Probleme, Wünsche und Bedürfnisse aktueller und potenzieller Kunden stehen am Anfang aller Überlegungen.

Verhaltensaspekt: Die Erfassung und Beobachtung der für ein Medienunternehmen relevanten Umwelt, insbesondere des Verhaltens der Marktakteure.

Informationsaspekt: Die systematische Suche und Erschließung von Märkten. Hierzu gehört die planmäßige Erforschung aller Märkte als Voraussetzung für kundengerechtes Verhalten.

Strategieaspekt: Langfristige Marktauswahl und Festlegung von Zielen sowie Strategien zur Marktbearbeitung.

Aktionsaspekt: Einsatz der Marketinginstrumente zur Bearbeitung der Absatzmärkte.

Segmentierungsaspekt: Anwendung des Prinzips der differenzierten Marktbearbeitung. Der Gesamtmarkt eines Medienunternehmens ist nach zweckmäßigen Kriterien aufzuteilen, die die Grundlage für eine zielgruppenspezifische Marktbearbeitung bilden.

Koordinationsaspekt: Die organisatorische Verankerung und ganzheitliche Umsetzung des Marketingkonzepts und die Koordination aller Marketingaktivitäten inner- und außerhalb des Medienunternehmens.

Das Marketing von Medienunternehmen ist durch **institutionelle Besonderheiten** gekennzeichnet. Sie werden durch die Tätigkeit des Unternehmens selbst und die in der Branche vorherrschenden Rahmenbedingungen determiniert.

Die Bearbeitung des Rezipientenmarktes weist Merkmale des **Business-to-Consumer-Marketing** (Konsumgütermarketing) auf. Das Marketing von Medienunternehmen ist **Massenmarketing**. Alle Medienprodukte werden intensiv beworben. Dabei erfolgt **keine Individualansprache** und es werden keine individuellen Angebote für die Rezipienten entwickelt. Zur Zielgruppe von Medienunternehmen zählen die Endkunden, d. h. die Rezipienten, die bei bzw. vor der Rezeption einen **individuellen Kaufprozess** vollziehen. Für den Erwerb und die Nutzung von Medienprodukten sind meist **emotionale Kaufmotive** ausschlaggebend. Markenprodukte von Medienunternehmen werden sehr schnell von Wettbewerbern kopiert. Aufgrund des hohen Wettbewerbsdrucks und des technischen Fortschritts verkürzen sich die Produktlebenszyklen. Serviceleistungen, wie Beratungsleistungen oder die Bereitstellung zusätzlicher Informationen, sind noch von geringerer Bedeutung.

Die Bearbeitung des Werbemarktes ist durch Besonderheiten des **Business-to-Business-Marketing** (Industriegütermarketing) gekennzeichnet. Im Gegensatz zum Rezipientenmarkt ist die Anzahl der Transaktionspartner im Werbemarkt wesentlich geringer. Medienunternehmen treten bei Transaktionen im Werbemarkt nicht mit einzelnen Personen, sondern mit **Organisationen**, d. h. den werbungtreibenden Unternehmen, in Kontakt. Vermittelt durch Mediaagenturen erfolgt in der Regel eine weitere Bündelung der Nachfrage. Aufgrund der Beteiligung weiterer Organisationen am Transaktionsprozess ist das Merkmal der **Multiorganisationalität** gegeben. Agenturen übernehmen im Auftrag ihrer Kunden die Aufgaben eines **Buying Centers**. Die Beteiligung mehrerer Personen am Kaufentscheidungsprozess lässt auf einen **hohen Formalisierungsgrad** schließen. Da der Verkauf von Werbeplätzen keine einmalige Transaktion ist, bestehen zwischen dem Anbieter und dem Nachfrager im Werbemarkt oft sehr enge, **langfristige Geschäftsbeziehungen**. Werbeplätze in Medienprodukten sind **erklärungsbedürftige Produkte**, die persönliche Kommunikation erfordern. In Kooperation mit den Werbekunden werden Individuallösungen bzw. Leistungspakete entwickelt.

Merkmale des **Dienstleistungsmarketing** lassen sich bei der Bearbeitung beider Absatzmärkte von Medienunternehmen feststellen. Sowohl von den Rezipienten als auch von den Werbekunden kann aufgrund der **Immaterialität** des Medienproduktes dessen Qualität vor der Nutzung nicht beurteilt werden. Deshalb muss jedes Medienunternehmen seine **Leistungsfähigkeit** dokumentieren. Auch bringen sich die Kunden in den Leistungserstellungsprozess mit ein. Die Dienstleistungserstellung und Rezeption des Medienproduktes fallen oft zusammen. Das Dienstleistungsergebnis hängt von der **Mitwirkung des Rezipienten** ab. Jedes Medienunternehmen muss an einer konstanten Dienstleistungsqualität arbeiten, um seine Kunden in beiden Märkten langfristig zu binden. Durch die Qualität der Me-

diendienstleistungen und durch die Kommunikation der Qualitäts-
standards können Wettbewerbsvorteile geschaffen werden.

Die öffentlich-rechtlichen Anbieter von Medienprodukten weisen
zusätzlich Merkmale des **Non-Profit-Marketing** auf, weil ihr Angebot vorrangig aus **nichtkommerziellen Leistungen** besteht. Da
sich öffentlich-rechtliche Anbieter überwiegend aus **Rundfunkgebühren** finanzieren, werden sie regelmäßig von den werbefinanzierten Unternehmen und der Öffentlichkeit hinsichtlich Nutzung des B-
to-C-Marketing im Rezipientenmarkt und des B-to-B-Marketing im
Werbemarkt kritisiert.

2.2 Absatzmarktkonstellation und Optimierungsprob-
leme

Rundfunkmärkte sind in ihren zwei Erscheinungsformen typische
Käufermärkte. Auf beiden Märkten stellt der Absatz einen dauerhaf-
ten Engpass dar. Deshalb müssen Angebote entwickelt werden,
welche den Bedürfnissen beider Bezugsgruppen entsprechen. Das
Marktangebot ist die Menge von Leistungen, die von werbefinanzierten Rundfunkunternehmen zum Verkauf oder zum Tausch angeboten werden. Beide Absatzmärkte unterscheiden sich grundsätzlich
voneinander, sind jedoch durch die Austauschprozesse untrennbar
miteinander verknüpft. Erst durch die Bearbeitung beider Märkte
kann ein werbefinanziertes Rundfunkunternehmen Gewinne erwirtschaften.

Auf dem **Rezipientenmarkt** sind die Kunden die Rezipienten. Ein
direkter Austausch von Leistung und Gegenleistung findet nicht
statt. Im indirekten Austausch erhalten die Rezipienten die gewünschten Produkte z. B. in Form von Spielfilmen oder Unterhaltungssendungen. Diese Produkte bilden das Marktangebot. Im Gegensatz
zu anderen Märkten ist in diesem Fall der Preis kein Steuerungsele-
ment, weil die Rezipienten keinen Preis für die Bereitstellung des
Programms zahlen. Im Tausch stellen sie lediglich ihre Aufmerksamkeit zur Verfügung, die einen Wert hat und gegen Entgelt als potenzielle Kontaktchance an die Werbekunden verkauft werden kann.

Auf dem **Werbemarkt** sind die Werbungtreibenden die Kunden.
Rundfunkunternehmen bieten ihnen als Produkt potenzielle Werbe-
kontaktchancen (Zielgruppenkontakte) mit den Rezipienten an. Für
die Bereitstellung der potenziellen Kontaktchancen mit der Zielgruppe zahlen die Werbenden einen Preis. Sie verbinden mit dem Kauf

der Werbezeiten die Erwartung, dass die Rezipienten als potenzielle Kunden ihre Produkte zur Kenntnis nehmen und erwerben. Auf dem Werbemarkt vollzieht sich ein regulärer Austauschprozess, bei dem Werbeplätze gegen Geld getauscht werden.

Zielgruppenkontakte entstehen dann, wenn die Rezipienten die Medienprodukte, die das Rundfunkunternehmen vertreibt, nutzen. Für die Herstellung der Zielgruppenkontakte müssen die Werbebotschaften der Werbemarktkunden in die Medienprodukte eingebunden werden. Die Herstellung eines Zielgruppenkontaktes stellt eine Dienstleistung dar. Die Ausstrahlung einer Sendung mit publizistischen Inhalten und den Werbebotschaften sowie die Herstellung des Zielgruppenkontaktes (Rezeption der Sendung) erfolgen zeitgleich (uno-actu-Prinzip).

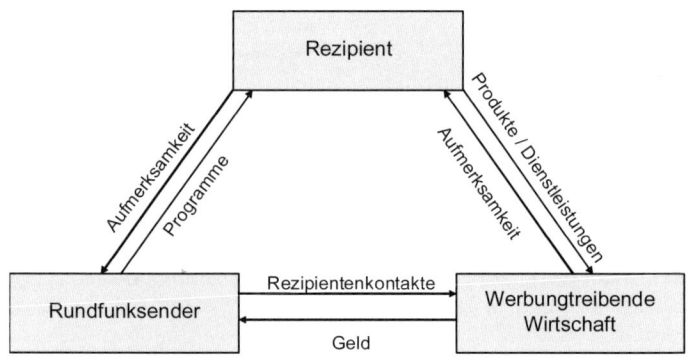

Abbildung 1: Absatzmarktkonstellation bei reiner Werbefinanzierung (in Anlehnung an Heinrich 1999, S. 278)

Die Abbildung 1 zeigt, dass eine untrennbare Beziehung zwischen dem werbefinanzierten Rundfunk, den Rezipienten und den Werbenden besteht. Eine derartige Absatzmarktkonstellation in Form einer Dreiecksbeziehung funktioniert nur, wenn auf beiden Absatzmärkten Austauschprozesse generiert werden. Gewinn können werbefinanzierte Rundfunkunternehmen nur erzielen, wenn sie ihre Produkte sowohl auf dem Rezipienten- als auch auf dem Werbemarkt verkaufen. Transaktionen kommen auf beiden Märkten zustande, wenn die Produkte für beide Kundengruppen einen Nutzen stiften, d. h. Kundenbedürfnisse befriedigt werden. Je höher der gestiftete Nutzen, desto höher ist die Wahrscheinlichkeit, dass der Kunde in den Tauschprozess einwilligt und umso besser sind die Ertragsaussichten.

Eine Voraussetzung für die Gewinnerzielung besteht darin, dass der Aufwand der Kombination der Produktionsfaktoren zur Erstellung der Produkte des Rundfunkunternehmens unter dem Wert des Ertrages liegen muss. Eine höhere Nutzenstiftung setzt meistens einen höheren unternehmerischen Aufwand voraus. Die Eigenproduktion von qualitativ hochwertigen Spielfilmen und Serien ist im Gegensatz zur Sendung von Wiederholungen sehr teuer und risikoreich. Deshalb setzen Free-TV-Sender auf das, was sich bisher bewährt hat. „Die TV-Saison 2008 steht unter dem Zeichen der großen "C": Casting, Coaching, Comedy und Cooking sind die aktuellen Hoffnungsträger der Sender. Wenig halten die TV-Anbieter dagegen von einem „I" wie Innovation und „R" wie Risiko" (Feldmeier 2008, S. 42).

Will das Rundfunkunternehmen langfristig Gewinn erwirtschaften, ist eine **Optimierung** zwischen der Nutzenstiftung und dem dazu notwendigen Aufwand erforderlich. Kompliziert wird die Optimierungsaufgabe durch den Konflikt zwischen den Nutzenerwartungen der Rezipienten und den Entscheidungskalkülen der Werbekunden.

Die **Entscheidungen der werbungtreibenden Unternehmen** über den Kauf von Werbeplätzen werden, ausgehend von ihrem Bedarf nach einer Zielgruppenansprache in Form von Werbung, vorgenommen. Sie sind auf die Lösung unternehmerischer Probleme gerichtet und werden auf rationaler Basis getroffen, wobei Nutzen und Aufwand in monetären Größen gemessen und bewertet werden.

Im Gegensatz dazu haben die Rezipienten durch die Werbefinanzierung keinen Preis für den Erwerb der Medienprodukte zu entrichten. **Nutzungsaufwand für die Rezeption** der Medienprodukte entsteht lediglich in Form von monetärem Aufwand zur Herstellung der Empfangsbereitschaft, von Zeit und psychischer Anstrengung. Aufgrund der sehr niedrigen Transaktionskosten können Rezipienten ihre Kaufentscheidung beliebig oft treffen und revidieren. Für die Auswahl und Nutzung von Medienprodukten besteht im Gegensatz zu normalen Konsumgütern, bei denen anhand des Preises über Kauf bzw. Nichtkauf entschieden wird, kein preisliches Messkriterium.

Da der Aufwand der Rezeption von Medienprodukten unabhängig vom Anbieter generell gleich ist, müssen für eine Abgrenzung von den Wettbewerbern andere Kriterien gefunden werden. Die derzeit einzige Lösung für eine erfolgreiche Positionierung im Rezipientenmarkt stellt eine inhaltliche Abgrenzung von den Angeboten der Wettbewerber dar. Aus diesem Grund stehen alle Rundfunkunternehmen hinsichtlich der Angebotsinhalte in einem kostenintensiven Qualitätswettbewerb. Der Rezipient wird immer das Angebot auswählen, welches ihm den höchsten inhaltlichen Nutzen anbietet.

Zusammenfassend ist festzustellen, dass werbefinanzierte Rundfunkunternehmen ein „zweigleisiges" Marketing für die Erfüllung der Unternehmensziele realisieren müssen. Auf dem Werbemarkt wird der Austauschprozess über den Preis gesteuert und dient der Gewinngenerierung. Der Rezipientenmarkt verlangt eine besondere Behandlung, weil nicht der monetäre Aufwand, sondern die Qualität des Programminhaltes das Entscheidungskriterium ist.

Aufgaben

1. Erläutern Sie den Begriff und die unterschiedlichen Sichtweisen auf das Medienmarketing!

2. Welche institutionellen Besonderheiten kennzeichnen das Medienmarketing?

3. Beschreiben Sie die Absatzmarktkonstellationen bei einem rein werbefinanzierten Rundfunkunternehmen! Worin besteht das Optimierungsproblem?

Literatur

Feldmeier, S.: Olle Kamellen neu aufgekocht, in: Werben & Verkaufen, Nr. 27, 2007, S. 42-43

Gelbrich, K./Wünschmann, S./Müller, S.: Erfolgsfaktoren des Marketing, München 2008

Heinrich, J.: Medienökonomie, Bd. 2: Hörfunk und Fernsehen, Opladen 1999

Homburg, C./Krohmer, H.: Grundlagen des Marketingmanagements, 2., vollst. überarb. Aufl., Wiesbaden 2009

Homburg, C./Krohmer, H.: Marketingmanagement, 2., überarb. u. erw. Aufl., Wiesbaden 2006

Meffert, H.: Marketing: Grundlagen marktorientierter Unternehmensführung, 9., überarb. u. erw. Aufl., Wiesbaden 2000

Modul II: Situationsanalyse

Die Analyse der Umwelt, der Zielgruppen, der Marktpartner sowie der Interaktionsmechanismen in Rundfunkmärkten steht im Mittelpunkt des zweiten Moduls. Die Lesenden kennen nach der Bearbeitung dieses Moduls die Grundlagen der strategischen Situationsanalyse eines werbefinanzierten Rundfunkunternehmens. Folgende Sachverhalte sollen sie für ein werbefinanziertes Rundfunkunternehmen erläutern können:

- Bestandteile der strategischen Situationsanalyse,
- Makro- und Mikroumwelt sowie deren Komponenten,
- Branchenstrukturanalyse nach dem Fünf-Kräfte-Modell,
- Analyse der Unternehmenssituation für Rundfunkunternehmen,
- grundlegende Aspekte der Marktforschung,
- Besonderheiten der Werbekunden- und der Rezipientenforschung.

3 Umwelt von Fernseh- und Hörfunkunternehmen

Zu den Voraussetzungen für die fundierte Entscheidungsfindung in einem werbefinanzierten Rundfunkunternehmen zählen die Kenntnis unternehmensinterner und –externer Bedingungen sowie die Einschätzung künftiger Veränderungen. In einer möglichst vollständigen und differenzierten Umwelt- und Unternehmensanalyse erhobene und analysierte Daten liefern die notwendigen Informationen, auf deren Basis strategische Entscheidungen getroffen werden.

Eine **strategische Situationsanalyse** ist die Grundlage für die Ableitung von Marketingzielen und -strategien sowie die Ausrichtung des Marketing-Mix. Sie besteht aus drei Bereichen: Analyse der globalen Umwelt eines Rundfunkunternehmens (**Makroumwelt**), Analyse des Marktes (**Mikroumwelt**) und **Unternehmensanalyse**. Sie stellen die generellen Analysefelder dar, aus denen strategisch relevante Informationen gewonnen werden. Die Bedeutung der einzelnen Felder hängt vom jeweiligen Rundfunkunternehmen und dessen spezieller Situation ab.

3.1 Analyse der Makroumwelt

Die Makroumwelt (globale Umwelt) umfasst die Bedingungen, die den Rahmen für unternehmerische Entscheidungen in einem geografischen Raum vorgeben. Das Unternehmen kann diese Bedingungen, die sowohl Chancen als auch Risiken darstellen können, nicht verändern. Die Makroumwelt wird mithilfe der folgenden Kriterien analysiert (in Anlehnung an Nieschlag et al. 2002, S. 98 ff.):

Ökonomische Komponente: Wirtschaftliche Rahmenbedingungen beeinflussen die Tätigkeit eines Rundfunkunternehmens. Eine Vielzahl potenziell relevanter Einflussfaktoren gesamtwirtschaftlichen als auch weltwirtschaftlichen Ursprungs kann sich auf die Entscheidungen eines Unternehmens auswirken. Für die Einschätzung der gesamtwirtschaftlichen Entwicklung wird das Bruttosozialprodukt als Indikator herangezogen, aus dessen Entwicklung Rückschlüsse auf konjunkturelle Entwicklungen möglich sind. Die Medienbranche weist eine vergleichsweise hohe Konjunkturabhängigkeit auf.

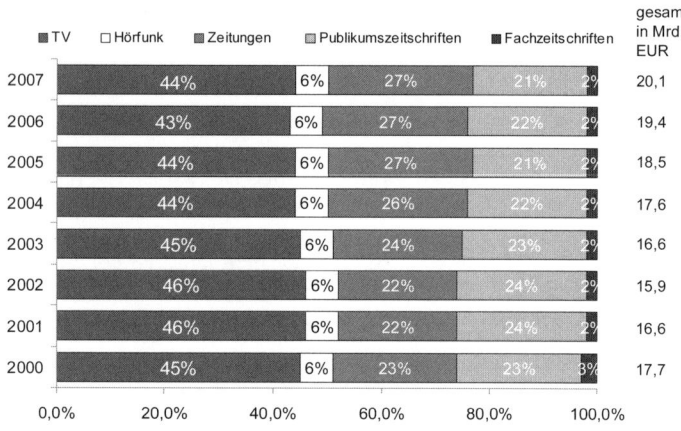

Abbildung 1: Anteile der Medien am Bruttowerbemarkt (www.agf.de 2008)

So spiegelte sich die Konjunkturkrise in Deutschland kurz nach der Jahrtausendwende im Einbruch der Werbeerlöse von 2001 wider. Insgesamt gesehen, ist der Brutto-Werbemarkt in den zurückliegenden Jahren dennoch – wenn auch nicht stetig – gewachsen. Im Jahr 2007 wurden ca. 20 Mrd. Euro in Werbung über klassische Medien investiert (Abbildung 1).

Für die Beurteilung der Rezipienten und deren Kaufkraft ist es sinnvoll, die Einkommensentwicklung und –verwendung zu beobachten. Eine hohe Sparquote (z. B. in Deutschland 2007 ca. 11 %) deutet auf eine geringe Konsumneigung der Bevölkerung hin.

Politisch-rechtliche Komponente: Der Spielraum für die Tätigkeit von privaten Rundfunkunternehmen wird durch Gesetze und Verordnungen bestimmt. Zunächst sind allgemeine rechtliche Vorschriften zu beachten, wie das Urheberrecht und das Jugendschutzgesetz. Darüber hinaus greifen Vorschriften mit direktem Medienbezug, deren Grundlagen im Grundgesetz verankert sind.

In Deutschland hat der Rundfunk Verfassungsrang. Artikel 5 des Grundgesetzes schreibt die Grundrechte auf Meinungs- und Informationsfreiheit, Pressefreiheit und Freiheit der Berichterstattung durch Rundfunk und Film sowie das Verbot der Zensur fest.

Im Rundfunkrecht gibt es keine einfachgesetzlichen Vorschriften. Die Gesetzgebungskompetenz liegt bei den Ländern. Generelle Probleme werden vom Bundesverfassungsgericht in Form von Rundfunkurteilen gelöst.

Der Rundfunkstaatsvertrag schafft einen länderübergreifenden, einheitlichen ordnungspolitischen Rahmen, der in Details durch Landesrundfunkgesetze konkretisiert wird. Er gilt generell für die Veranstaltung und Verbreitung von Rundfunk. Der Rundfunkstaatsvertrag grenzt die verschiedenen Programmarten (z. B. Vollprogramme, Spartenprogramme) voneinander ab und enthält allgemeine Vorschriften für den öffentlich-rechtlichen und den privaten Rundfunk. Diese beziehen sich auf Programmgrundsätze (z. B. die Achtung der Menschenwürde). Sie regeln die Kurzberichterstattung und die Übertragung von Großereignissen oder auch die Inhalte und die Kennzeichnung von Werbung sowie die Unzulässigkeit von Schleichwerbung (Fechner 2009, S. 291 ff.).

Weiterhin müssen die Medien- und Rundfunkgesetze der einzelnen Bundesländer beachtet werden. Sie regeln beispielsweise die Details der Zulassungsvoraussetzungen für die Veranstaltung und Verbreitung von Rundfunk, spezielle Anforderungen zum Programminhalt und Bedingungen zur Verbreitung der Programme über Kabel, Antenne und Satellit.

Soziokulturelle Komponente: Gesellschaftliche Veränderungen prägen den Rahmen des Entscheidungs- und Handlungsprozesses eines Rundfunkunternehmens. Die Kenntnis über soziodemografische Merkmale, Wertemuster und Normen sowie Einstellungen und Verhaltensweisen ist für das Verständnis der Rezipienten wichtig.

Soziodemografische Merkmale beziehen sich auf statistisch erfassbare Strukturmerkmale der Bevölkerung wie Alter, Geschlecht, Familienstand, Einkommen und Schulabschluss. Demografische Entwicklungen bedingen maßgebend die Veränderungen des Rezipienten- und des Werbemarktes. Als Beispiel lässt sich der zunehmende Anteil älterer Menschen an der Gesamtbevölkerung nennen. Sie stellen auch für die Werbekunden eine attraktive Zielgruppe dar, so dass Rundfunkunternehmen angehalten sind, verstärkt Angebote für diese Zielgruppe zu entwickeln.

Das Denken und Handeln der Menschen wird von Normen und Wertvorstellungen bestimmt. Der in der Bevölkerung zu beobachtende Wertewandel in Richtung Hedonismus und verstärktem Bedürfnis nach Selbstverwirklichung findet seinen Ausdruck in individueller Freizeitgestaltung und individueller Medienrezeption. Darauf muss sich das Rundfunkunternehmen durch eine individuelle Ansprache einstellen.

Technologische Komponente: Rasante technologische Entwicklungen beeinflussen die Umwelt des werbefinanzierten Rundfunkunternehmens. Die ständige Weiterentwicklung der Informations- und Kommunikationstechnologien führt zur Entwicklung neuer Produkte, Verfahren sowie neuer Medien und Medienmärkte. Die Digitalisierung ermöglicht, sehr große Datenmengen bzw. Informationen verschiedener Art komprimiert zu speichern, über Netzwerke zu übertragen und ohne Qualitätsverlust wieder zu verwenden. Datenströme können unterschiedlichste Informationen (Töne, Bilder, Texte usw.) beinhalten. Denkbar ist somit der Ausbau eines klassischen Radios zum „Multimedia-Radio" (Gläser 2008, S. 309).

Technologische Entwicklungen beeinflussen auch das Nutzungsverhalten der Zuschauer und Hörer. So ermöglichen digitale DVD-Rekorder eine inhaltliche und zeitliche Flexibilisierung des TV-Konsums. Einzelne Sendungen können nach Interesse ausgewählt, aufgezeichnet und zeitversetzt wiedergegeben werden. Es besteht die Möglichkeit, Werbeblöcke zu erkennen und bei der Wiedergabe zu unterdrücken.

Ökologische Komponente: In der Medienbranche ist eine vermehrte Auseinandersetzung mit der Umweltproblematik zu beobachten. So sollen Umweltschäden im Rahmen des Produktionsprozesses vermieden werden. Aber auch die geografischen und klimatischen Bedingungen sowie die Infrastruktur spielen für die Auswahl eines Unternehmensstandortes eine Rolle. Die Qualität der Infrastruktur kann in den einzelnen Teilbereichen (Verkehrswesen, Nachrichtenübermittlung, technische Ver- und Entsorgung, Verwaltung, usw.) unterschiedlich ausgeprägt sein.

Die Komponenten der Makroumwelt begründen für ein Rundfunkunternehmen vielfältige Möglichkeiten und Gefahren. Eine permanente und umfassende Beobachtung der gesamten Umwelt dient als Grundlage für das Identifizieren und Einschätzen von relevanten Schlüsselgrößen. Es ist zu beachten, dass die einzelnen Faktoren sich gegenseitig beeinflussen können. So bringen z. B. neue technologische Entwicklungen Gesetzesänderungen oder auch ein verändertes Mediennutzungsverhalten der Rezipienten mit sich.

3.2 Analyse der Mikroumwelt

Während die Rahmenbedingungen der globalen Umwelt vom Unternehmen als gegeben hingenommen werden müssen, sind die Faktoren der Mikroumwelt (Aufgabenumwelt) durch das Wechselspiel des Unternehmens mit den Marktteilnehmern beeinflussbar. Die Analyse der Mikroumwelt umfasst die Untersuchung des relevanten Marktes. Neben der **Beschreibung des Marktes** durch geeignete Größen geht es vorrangig um die Analyse der **Nachfrager** und der **Wettbewerber**.

Nur über eine Analyse des Wettbewerbs bzw. der Marktteilnehmer der Rundfunkbranche kann ein Unternehmen sein Entwicklungspotenzial, die Wettbewerbsfähigkeit seiner Produkte und die Intensität des Wettbewerbs in der Branche einschätzen. Unter einer **Branche** werden alle Unternehmen zusammengefasst, die sehr ähnliche (verwandte) Produkte herstellen.

Die Mikroumwelt von Radio- und Fernsehunternehmen unterscheidet sich in der Struktur der Marktteilnehmer wenig (vgl. Kapitel 1). Die konkrete Ausprägung der Märkte weicht innerhalb dieser beiden Branchen allerdings voneinander ab. Das zeigt sich insbesondere in der Verteilung der Marktanteile zwischen den Wettbewerbern und im Verhalten der Rezipienten.

Der deutsche Fernsehmarkt gilt aufgrund seiner wirtschaftlichen Bedeutung und seiner Größe als der wichtigste europäische Fernsehmarkt. Die Bedeutung des Radiomarktes ist dagegen vergleichsweise gering. Der **deutsche Rundfunkmarkt** kann über die folgenden Charakteristika allgemein beschrieben werden:

Das **Marktvolumen** drückt die insgesamt am Werbemarkt tatsächlich bestehende Nachfrage aus. Sie wird für den Gesamtmarkt oder Teilmärkte in Geldeinheiten angegeben. Insgesamt investiert die Wirtschaft derzeit pro Jahr ca. 30 Mrd. Euro in die Werbung (www.zaw.de 2008). Für das Medium Fernsehen wurden 2007 ca. 8,8 Mrd. Euro an Bruttowerbeaufwendungen eingesetzt. Damit ist das Fernsehen mit einem Anteil von ca. 44 % am Brutto-Werbemarkt der klassischen Medien die Nummer eins. Auf den Hörfunk entfiel 2007 ein Marktvolumen von ca. 1,2 Mrd. Euro. Das entspricht einem Anteil von ca. 6 % des Brutto-Werbemarktes (Abbildung 1).

Die Bruttowerbeinvestitionen in die klassischen Medien entwickelten sich von ca. 13 Mrd. Euro im Jahr 1996 auf ca. 20 Mrd. Euro im Jahr 2007 (www.agf.de 2008). Auch wenn ein steigender Trend zu verzeichnen ist, so unterliegt die Entwicklung des Marktes doch konjunkturellen Schwankungen und ist schwer prognostizierbar.

Für die Beschreibung der **Marktanteile** der bedeutendsten Konkurrenten werden im Rundfunkbereich die Anteile der Zuschauer bzw. Hörer herangezogen. Auch wenn es in Deutschland über 200 Fernsehsender gibt (www.alm.de 2008), so zeigt sich bei der Betrachtung der Anteile der TV-Sender am Zuschauermarkt, dass fünf große Sender dominieren. Neben den beiden öffentlich-rechtlichen Sendern ARD und ZDF, die ca. 41 % der Zuschauer auf sich vereinen, beherrschen die privaten Sender RTL (ca. 25 %), ProSieben und Sat.1 (zusammen ca. 23 %) den Markt. Das spiegelt sich auch in den Marktanteilen am Werbeaufwand wider. So konnten Anfang 2008 RTL ca. 26 %, ProSieben 15,7 % und Sat.1 17,3 % der Werbeaufwendungen für sich verbuchen (www.agf.de 2008).

Beim Hörfunk gibt es sowohl hinsichtlich der Anteile am Werbemarkt als auch der Anteile an der Zuhörerschaft keine bundesweit dominierenden Sender. Die Gründe dafür liegen z. B. in der Vergabe der Sendefrequenzen oder im starken regionalen Bezug der Radiosender. Auch bei der Analyse der Hörerschaft wird eine regionale Segmentierung vorgenommen.

Die **Branchenstrukturanalyse** nach dem **Fünf-Kräfte-Modell von Porter** (Porter 2008, S. 35 ff.) ist ein Instrument, das zur strategischen Analyse der Mikroumwelt eines Rundfunkunternehmens eingesetzt werden kann. Sie dient zur Untersuchung und Identifikation der treibenden Kräfte des Wettbewerbs in der jeweiligen Medienteilbranche. Auf Basis dieses industrieökonomischen Ansatzes kann ein Rundfunkunternehmen seinen Markt und seine Wettbewerbsposition objektiv bewerten und Schlussfolgerungen für die Ziel- und Strategieentwicklung ziehen. Nachfolgend wird die Fernseh- und Radiobranche nach dem Analyse-Schema von Porter für jede Wettbewerbskraft untersucht (siehe auch Gläser 2008, S. 222 ff.).

Brancheninterner Wettbewerb: Die Konkurrenz zwischen bestehenden Wettbewerbern bestimmt die Rivalität bzw. die Intensität des Wettbewerbs zwischen den vorhandenen Anbietern. Sie wird als zentrale Triebkraft des Wettbewerbs bezeichnet. Ein sehr intensiver Wettbewerb kann den Erfolg eines Unternehmens beeinträchtigen. Intensiver Wettbewerb entsteht, wenn viele Unternehmen gleicher Größe im Markt agieren. Er wird zusätzlich verschärft, wenn diese Unternehmen ähnliche Strategien verfolgen.

Sowohl auf dem Fernseh- als auch auf dem Radiomarkt ist die Rivalität unter den Wettbewerbern als sehr hoch einzustufen. Entscheidende Impulse für die Verschärfung des Wettbewerbs auf dem Fernsehmarkt gab es 1984 durch die Einführung des Privatfernsehens und durch den Beginn der Digitalisierung. Diese führt auch auf dem Radiomarkt zu verstärktem Wettbewerb, da sie die Fragmentierung und Regionalisierung der Hörfunkbranche fördert.

Märkte, in denen ein sehr intensiver Wettbewerb herrscht, verzeichnen meist ein geringeres Wachstum und ein Angebot aus kaum differenzierbaren Produkten und Leistungen. Ein Maß für die Intensität des Wettbewerbs ist die Konzentrationsrate. Sie berechnet sich aus der Summe der Marktanteile (bzw. Einschaltquoten, Umsätze) der größten Unternehmen. Hohe Konzentrationsraten finden sich insbesondere im Fernsehmarkt, während die digitalen Medienmärkte noch eine breite Anbieterstruktur aufweisen.

Neue (potenzielle) Wettbewerber stellen für Rundfunkunternehmen eine Herausforderung dar. Die Intensität des Wettbewerbs verschärft sich, je einfacher es für andere Unternehmen ist, in den Markt einzutreten. Jeder neue Wettbewerber verändert die Marktstruktur (Marktanteile, Preisniveau, Kundenstamm). Die Stärke der

Bedrohung durch potenzielle Wettbewerber hängt von der Höhe der Markteintrittsbarrieren ab. Unternehmen, die sich in diesem Markt etabliert haben, beeinflussen diese Eintrittsbarrieren. Sie haben bereits eine bestimmte Größe erreicht und können Erfahrungskurveneffekte nutzen. Unternehmen, die in den Markt eintreten, müssen eventuell hohe Anfangsinvestitionen realisieren. Im Rundfunkbereich entstehen diese z. B. durch die Anschaffung der notwendigen technischen Ausrüstung für die Produktion und Übertragung der Sendungen.

Weitere Eintrittsbarrieren können durch existierende Markentreue bestehender Rezipienten und eventuell zu hohe Aufwendungen beim Wechsel zu einem anderen Anbieter begründet sein. So ist für den Empfang von verschlüsselten digitalen Sendern der Besitz eines speziellen Digitalreceivers mit Common Interface nötig.

Im Hörfunkmarkt ist die Bedrohung durch potenzielle neue Anbieter relativ groß. Die technische Konvergenz der Medien fördert diese Entwicklung. Für alle Anbieter von Inhalten, die neue Distributionswege suchen, stellt das Radio eine interessante Alternative dar. Die Markteintrittsbarrieren, die bislang aus technischer oder institutioneller Sicht bestanden, gibt es durch die wachsenden Möglichkeiten der Digitalisierung und Vernetzung nicht mehr.

Als neue Wettbewerber im Fernsehmarkt können vorrangig Kabelnetzbetreiber und Telekommunikationsunternehmen auftreten. Sie verfügen über finanzielle Ressourcen und das Know-how, um eigene Programmpakete anzubieten. Weiterhin versetzt die günstige Möglichkeit des IPTV (die Verbreitung von Fernsehinhalten über den Standard des Internetprotokolls) Unternehmen aus anderen Branchen in die Lage, eigene TV-Programme zu starten (z. B. Hugo Boss TV). Auch Privatpersonen können als TV-Sender auftreten. So erzielen selbst gedrehte Filme, die über Plattformen im Internet angeboten werden, mitunter sehr hohe Zugriffszahlen.

Die Verhandlungsmacht der Lieferanten bezieht sich auf alle Bezugsquellen für die Inputs, die ein Unternehmen zur Erstellung seiner Leistungen benötigt. Die Lieferanten verfügen über eine starke Verhandlungsposition, wenn der Markt von wenigen (großen) Lieferanten dominiert wird und wenn es für die von diesen Lieferanten bezogenen Produkte keine Substitute gibt. Die Verhandlungsmacht verschiebt sich auch zugunsten des Lieferanten, wenn es sich bei dem Unternehmen um einen für den Lieferanten unwichtigen Kunden handelt. Besonders deutlich wird dieser Zusammenhang bei der Vergabe der Übertragungsrechte von Spielen der Fußball Bundesliga.

Sowohl im Fernsehen als auch im Hörfunk steigt der Bedarf nach Inhalten. Insbesondere bei gut zu vermarktenden Premium-Inhalten wächst die Verhandlungsmacht der Lieferanten.

Die **Verhandlungsmacht der Abnehmer** (Kunden) hat großen Einfluss auf die Gewinnmargen und den Umsatz eines Unternehmens. Kunden des Rundfunkunternehmens sind Rezipienten und Werbekunden.

Da die Rezipienten die Inhalte der Sender meist unentgeltlich nutzen können, wirkt sich ihre Verhandlungsmacht erst indirekt über die (Nicht-)Rezeption einer Sendung aus. Sie ist bei Zuschauern und Hörern sehr hoch. Die Nachfrageelastizität der Zuschauer ist jedoch höher als die der Hörer. Zuschauer sind eher zu einem Programmwechsel bereit. Sie verfügen über eine geringe Sender- und Programmbindung. Radiohörer zeichnen sich dagegen durch hohe Programmtreue und konstante Hörfunknutzung im Zeitablauf aus.

Die Werbekunden weisen im Fernseh- und im Hörfunkmarkt eine hohe Flexibilität in der Nachfrage auf. Die Rundfunkunternehmen sind deshalb gefordert, ständig neue Werbeformen zu entwickeln. So ist bei den Fernsehsendern ein Trend zu Mischformen zu beobachten, die das Trennungsgebot von Werbung und Programm aufweichen. Die Nachfrage der Werbekunden wird von den Mediaagenturen gebündelt, die aufgrund der großen Bezugsmenge die Verhandlungsmacht zusätzlich verstärken.

Die Bedrohung durch Ersatzprodukte ist ein Risiko für jedes Unternehmen. Auf den Markt kommende Alternativprodukte (Substitute), welche die Bedürfnisse des Konsumenten kostengünstiger bzw. leistungsfähiger erfüllen, können einen Großteil des Marktvolumens auf sich ziehen und somit das Absatzpotenzial des Unternehmens verringern. Die Gefahr durch Substitute ist abhängig von der Markentreue der Kunden, der Intensität der Kundenbindung sowie von den mit dem Wechsel verbundenen Aufwendungen für den Kunden.

Substitute können gegenüber dem bestehenden Produkt völlig neue Funktionen aufweisen. Wichtig ist, ob sie aus Kundensicht einen Vorteil bieten bzw. ausschlaggebende Anforderungen besser erfüllen. Für die Rezipienten ist jedes andere Medienprodukt, das z. B. bessere

Unterhaltung oder Information gewährleistet, ein Substitut. Im Fernsehmarkt hängt die Stärke der Bedrohung derzeit insbesondere von der Durchsetzung des IPTV ab. Diese Technologie ermöglicht den kostengünstigen Aufbau von TV-Sendern und die zielgruppengenaue Verbreitung des Programms. Die über IPTV ausgestrahlten Sendungen können weltweit auf verschiedensten Geräten empfangen werden. In Deutschland gab es bereits 2007 über 420 IPTV-Sender (www.iptvtoday.de 2007).

Für den Hörfunk ist vor allem die Bedrohung durch intramediale Ersatzprodukte (andere Formen des Radios) von Bedeutung. Eine andere Radioform ist Podcasting (automatisiertes Herunterladen von Audio-Dateien aus dem Internet). Es ermöglicht das zeitversetzte Hören bestimmter Sendungen.

Aus der Sicht des Werbekunden ist jedes Medium, das die gleiche oder eine bessere Wahrscheinlichkeit für die gewünschten Werbekontakte verspricht, ein Ersatzprodukt.

Auf dem Werbemarkt herrscht eine große Wettbewerbsintensität. Ein werbungtreibendes Unternehmen kann sowohl zwischen verschiedenen Medien wählen (Intermediaselektion) als auch zwischen verschiedenen Arten (z. B. TV-Sendern) eines Mediums (Intramediaselektion). Auch wenn der Anteil der Fernseh- und Hörfunkwerbung in den letzten Jahren gehalten oder gesteigert werden konnte, so ist durch die ständig wachsende Anzahl an Sendern dennoch ein verschärfter Wettbewerb um die Werbekunden entstanden.

Die Wettbewerbsanalyse nach Porter ist ein Instrument zur strukturierten Analyse und Bewertung der Interaktionen aller Komponenten der Mikroumwelt. Mit ihr kann die Attraktivität der Branche beurteilt werden. In gesättigten Märkten, wie den Rundfunkmärkten, mit meist homogenen Produkten und starken Eintrittsbarrieren, steigt die Rivalität innerhalb der Branche und es sinkt deren Attraktivität. Das Modell von Porter erlaubt eine umfassende und systematische Betrachtung des Rundfunkmarktes sowie die Einschätzung von Chancen und Risiken für werbefinanzierte Radio- und Fernsehunternehmen. Der Nachteil dieser Analyse liegt in der statischen Betrachtung, welche die Untersuchung der dynamischen Medienmärkte erschwert. Außerdem sind bestimmte Entwicklungen, wie strategische Allianzen, in diesem Modell nicht darstellbar. Grundsätzlich gilt: Je stärker die Bedrohung des Rundfunkunternehmens durch die Wettbewerbskräfte ist, desto schwieriger wird es, einen Wettbewerbsvorteil herauszuarbeiten.

3.3 Analyse des Unternehmens

Die Unternehmensanalyse richtet sich auf die internen Rahmenbedingungen, d. h. die unternehmerischen Potenziale eines werbefinanzierten Rundfunkunternehmens. Diese beeinflussen die Generierung von Strategien und besitzen somit marketingstrategische Bedeutung.

Zur Einschätzung der unternehmerischen Potenziale werden folgende Sachverhalte analysiert (in Anlehnung an Nieschlag et al. 2002, S. 70 ff.):

- quantitativ erfassbare unternehmerische Ressourcen (z. B. Finanz- und Sachmittel),
- qualitativ beschreibbare unternehmerische Leitlinien (z. B. Unternehmensphilosophie und -kultur),
- strukturelle Gegebenheiten (z. B. Standort, Betriebsgröße).

Eine relativ überschneidungsfreie Systematisierung der **unternehmerischen Ressourcen** liefert die Betrachtung der verschiedenen Ressourcenarten (Richert 1992, S. 176 f.).

Sachliche Ressourcen eines Rundfunkunternehmens sind z. B. Gebäude, Grundstücke und die für Content-Produktionen notwendigen technischen Einrichtungen. Für die Erstellung von Radio- und Fernsehbeiträgen sind Anwendungssysteme erforderlich, die aus speziellen Hard- und Softwarekomponenten bestehen. Der technische Standard, die Kapazität und die Kosten der vorhandenen Ressourcen beeinflussen die weiterführende Planung.

Indikatoren für die Einschätzung der **finanziellen Ressourcen** sind finanzwirtschaftliche Kriterien, wie Cash-Flow, Liquidität oder Verschuldungsgrad. Für die gesamte Dauer der Umsetzung einer Marketing-Strategie muss der aus dieser Strategie resultierende Finanzmittelbedarf mit den finanziellen Gegebenheiten des Rundfunkunternehmens abgestimmt werden.

Eine besondere Bedeutung für die Wirksamkeit von Marketingstrategien in privatwirtschaftlichen Rundfunkunternehmen haben die **personellen Ressourcen**. Die Umsetzung von Strategien basiert auf der Bereitschaft und den Fähigkeiten der Mitarbeiter. Sie bestimmen in der gesamten Medienbranche die Qualität und Attraktivität der Inhalte. Geeignetes kreatives Personal, wie z. B. Autoren, Musiker, Moderatoren oder Schauspieler, stellt regelmäßig einen Engpass in der Content-Produktion dar (Wirtz 2006, S. 91). Weiterhin bestehen aufgrund der technologischen Entwicklungen hohe Anforderungen hinsichtlich der Fachkompetenz des Personals, das in der Produktion eingesetzt wird.

Als **informationelle Ressourcen** bezeichnet man das gesamte in einem Unternehmen existierende personenunabhängige, fachbezogene Wissen. Es kann auch von außen über Lizenzen oder Kooperationen mit anderen Unternehmen erworben werden. Dem technologischen und dem marktspezifischen Wissen kommt in der Rundfunkbranche eine besondere Bedeutung zu.

Werbefinanzierte Rundfunkunternehmen sind in dynamischen Märkten tätig, deren Wettbewerbsstrukturen sich ständig ändern. Aus diesem Grund ist es sinnvoll, die Ressourcen der Unternehmen in ihrer Gesamtheit zu betrachten, um so genannte **Kernkompetenzen** zu identifizieren. Dabei handelt es sich um Ressourcenbündel, die aus einer einzigartigen Kombination von Ressourcen bestehen, die am Markt nur begrenzt zur Verfügung stehen.

Ein weiterer Bestandteil der Analyse der unternehmensinternen Gegebenheiten ist die Untersuchung der **unternehmerischen Leitlinien**. Sie zeigen sich im Unternehmenszweck sowie in der Unternehmenskultur, -philosophie und -identität. Marketingstrategien müssen auf diese Grundlagen des unternehmerischen Denkens und Handelns ausgerichtet werden.

Der **Unternehmenszweck** (Business Mission) beschreibt, welche Leistungsart das Unternehmen erbringt und am Markt absetzen möchte. In der Medienbranche wird der Unternehmenszweck markt- bzw. kundenbezogen formuliert und findet sich oft im Claim wieder, der gemeinsam mit dem Unternehmen erwähnt wird, z. B. ProSieben: „We love to entertain you".

Mit der **Unternehmensphilosophie** werden allgemeine Vorgaben hinsichtlich grundlegender Werte für das gesamte Unternehmen umschrieben. Sie zeigt sich u. a. in den Verhaltensweisen gegenüber den Anspruchsgruppen (z. B. Aktionäre, Mitarbeiter, Gesamtgesellschaft) des Unternehmens. Konkret festgeschrieben wird die Unternehmensphilosophie in den **Unternehmensgrundsätzen**. Dadurch werden sie verbindlich und schaffen eine einheitliche Wertebasis für das Unternehmen.

Die Umsetzung der Unternehmensgrundsätze findet sich in der Unternehmenskultur und der Unternehmensidentität wieder. Die **Unternehmenskultur** beschreibt charakteristische Eigenschaften eines Unternehmens, wie z. B. Problemlösungsmuster und Denkschemata. Sie schließt das spezifische Führungsverhalten, überlieferte Geschäftsstrukturen und die Struktur der Organisation des Unternehmens mit ein.

In engem Zusammenhang zur **Unternehmensidentität** steht die Corporate Identity. Sie trägt durch eine einheitliche Gestaltung von Design, Kommunikation und Verhalten wesentlich dazu bei, das Bild des Unternehmens in der Öffentlichkeit zu prägen.

Neben den unternehmerischen Ressourcen und Leitlinien ist für die Analyse der internen Unternehmenssituation die Betrachtung der **strukturellen Gegebenheiten** erforderlich. Diese sind vorrangig durch Entscheidungen determiniert, die im Rahmen der Gründung des Unternehmens getroffen wurden.

Ein ausschlaggebendes Kriterium für die Ausgestaltung von Kooperationen mit anderen Unternehmen ist beispielsweise die **Betriebsgröße**. Sie steht in unmittelbarem Zusammenhang mit den Ressourcen des Unternehmens und dessen Kapazität. Darüber hinaus bestimmt sie in der Medienbranche oft die Marktmacht des Unternehmens und dessen Präsenz in der Öffentlichkeit. Im Radio- und Fernsehbereich dominieren Großunternehmen. Es bestehen aber auch zahlreiche kleine und mittlere Unternehmen (KMU). Die Zuordnung zu den Unternehmensgrößen erfolgt nach der Definition der Europäischen Kommission anhand der Kriterien: Mitarbeiterzahl, Bilanzsumme bzw. Umsatz (Gläser 2008, S. 88 ff.).

Die **Organisation** des Rundfunkunternehmens entscheidet über die Stellung des Marketing innerhalb des Unternehmens. In der organisatorischen Einordnung (in die Führungsebene oder als Funktionsbereich) und den festgelegten Zuständigkeiten widerspiegelt sich die Bedeutung des Marketing für das Unternehmen.

Eine weitere grundlegende Entscheidung, die bereits mit der Gründung des Unternehmens getroffen wird, ist die **Standortwahl**. Aus den einzelnen Faktoren eines Standorts können sich Vor- und Nachteile ergeben, welche die Umsetzung von Marketingstrategien beeinflussen.

Nach dem **Grad der geografischen Ausbreitung** unterscheidet man folgende Standorte (Gläser 2008, S. 95):

- lokal: Die Aktivitäten des Rundfunkunternehmens beschränken sich auf eine Stadt oder einen Ballungsraum (z. B. Radio Duisburg).

- regional: Das Rundfunkunternehmen ist in einer bestimmten Region tätig (z. B. AntenneThüringen).

- national: Der Radio- oder Fernsehsender ist, über verteilte Betriebsstätten, im ganzen Land aktiv (z. B. RTL).

- international: Das Rundfunkunternehmen produziert vorwiegend im Inland, sendet aber auch ins Ausland (z. B. CNN).

- multinational: Das Rundfunkunternehmen verfügt in mehreren Ländern über Standorte und ist sowohl bei der Erstellung als auch bei der Verwertung der Leistungen nicht durch Landesgrenzen beschränkt (z. B. MTV).

Ein weiterer Standortfaktor ist die **Infrastruktur**. Für werbefinanzierte Rundfunkunternehmen muss neben der Verkehrsinfrastruktur (ausreichende Anbindung an das Verkehrsnetz) vor allem die soziale Infrastruktur beachtet werden. Ein aus Sicht des Personals attraktiver Standort mit verfügbarem Wohnraum, kulturellen und sozialen Einrichtungen erleichtert die Suche nach potenziellen Mitarbeitern. Der arbeitsbezogene Standortfaktor auf der **Beschaffungsseite** (Verfügbarkeit, Qualifikation und Kosten von Personal) spielt insbesondere für Medienunternehmen, die eine hohe Personalintensität aufweisen, eine große Rolle.

Aufgrund der Besonderheiten der Rundfunkbranche ist die Bedeutung bestimmter Standortfaktoren vorgegeben. Darüber hinaus muss eine firmenspezifische Einschätzung der Relevanz einzelner Standortfaktoren vorgenommen werden.

Die gesammelten Informationen aus der Analyse des Unternehmens, der Makro- und der Mikroumwelt müssen mit geeigneten Verfahren verdichtet werden, um eine sinnvolle Entscheidungsgrundlage zu erhalten. Hierzu stehen neben speziellen Hilfsmitteln der strategischen Analyse (z. B. SWOT-Analyse) die Methoden der Marketingforschung zur Verfügung.

Aufgaben

1. Welche Bereiche umfasst die strategische Situationsanalyse eines Rundfunkunternehmens?

2. Erläutern Sie die Komponenten der Analyse der Makroumwelt anhand aktueller Kennzahlen!

3. Beschreiben Sie die Faktoren, die zur Untersuchung der Mikroumwelt eines werbefinanzierten Rundfunkunternehmens herangezogen werden!

4. Erläutern Sie die Branchenstrukturanalyse nach dem Fünf-Kräfte-Modell nach Porter anhand eines Radiosenders!

5. Aus welchen Perspektiven kann bei der Unternehmensanalyse die Situation des Unternehmens eingeschätzt werden?

Literatur

Fechner, F.: Medienrecht, 10., überarb. u. erg. Aufl., Tübingen 2009

Gläser, M.: Medienmanagement, München 2008

Nieschlag, R./Dichtl, E./Hörschgen, H.: Marketing, Berlin 2002

Porter, M. E.: Wettbewerbsstrategie – Methoden zur Analyse von Branchen und Konkurrenten, 11. Aufl., Frankfurt/New York 2008

Richert, E.: Das strategische Marketingpotential der Unternehmung, Frankfurt 1992

Wirtz, B. W.: Medien- und Internetmanagement, 5., überarb. Aufl., Wiesbaden 2006

Links

www.agf.de: Arbeitsgemeinschaft Fernsehforschung

www.alm.de: Arbeitsgemeinschaft der Landesmedienanstalten der Bundesrepublik Deutschland

www.iptvtoday.de

www.zaw.de: Zentralverband der deutschen Werbewirtschaft e.V.

4 Marktforschung

Marktforschung umfasst die systematische Sammlung, Aufbereitung, Analyse und Interpretation von Daten über den Werbe- und den Rezipientenmarkt. Die erhobenen und ausgewerteten Daten bilden eine wesentliche Grundlage für das unternehmerische Handeln eines Rundfunkunternehmens. Sie dienen der Fundierung von Marketingentscheidungen und schaffen die Voraussetzung dafür, dass sich Rundfunkunternehmen an den objektiven Gegebenheiten der Märkte orientieren können.

Werbefinanzierte Rundfunkunternehmen nutzen die Marktforschung aktiv als Vermarktungswerkzeug. Dies erklärt den – im Gegensatz zu anderen Branchen – vergleichsweise großen Aufwand und die relativ hohe Standardisierung, mit dem die Marktforschung betrieben wird.

4.1 Grundlagen der Marktforschung

Die Aufgabe der Marktforschung besteht in der Deckung des aktuellen und zukünftigen Informationsbedarfs eines Rundfunkunternehmens. Abhängig von der Art der Informationsgewinnung unterscheidet man zwischen der Primär- und der Sekundärforschung (Herrmann et al. 2008, S. 5):

Primärforschung (Field Research): Es werden Daten zum konkreten Untersuchungszweck am Markt erhoben. Als Erhebungsmethoden kommen die Beobachtung, die Befragung und das Experiment infrage. Erfolgt die Erhebung der Daten periodisch auf derselben Datenbasis handelt es sich um eine Panelerhebung.

Der Vorteil der Primärforschung liegt in der Anpassung der Erhebung an die spezifische Problemstellung des Unternehmens. Neben den großen finanziellen Belastungen kann fehlendes Marktforschungs-Know-how ein Problem darstellen.

Sekundärforschung (Desk Research): Es werden Daten analysiert, die bereits für einen anderen Zweck erhoben wurden. Für die Sekundärforschung können zahlreiche, sowohl unternehmensinterne als auch –externe, Informationsquellen genutzt werden, wie z. B. Statistiken, Erhebungen von Verbänden und Studien von Marktforschungsinstituten. Verschiedene Markt-Mediastudien bieten die Möglichkeit, schnell und relativ kostengünstig Analysen einer gewünschten Zielgruppe zu erstellen.

Hinsichtlich des Forschungsdesigns lassen sich **qualitative und quantitative Methoden** der Marktforschung unterscheiden. Qualitative Forschung dient meist der explorativen Datenanalyse, z. B. der Aufdeckung von Motiven oder Ursachen. Es werden individuelle Verhaltensweisen der Probanden untersucht. Die Analyse beruht auf kleineren Fallzahlen und liefert „weiche", nicht repräsentative Ergebnisse. Dagegen wird bei quantitativer Forschung eine Vielzahl von Daten verarbeitet, deren Auswertung möglichst repräsentative Aussagen zu Häufigkeiten und Zusammenhängen ermöglicht. Zur Erhebung der Daten werden, wie in Mediastudien, standardisierte Befragungsmethoden genutzt.

Primärdaten können über Beobachtung oder Befragung sowie auf Basis eines Experiments oder Panels (Mischformen aus Beobachtung und Befragung) gewonnen werden. Die Wahl der konkreten Methoden hängt vom Ziel der Untersuchung ab.

Bei einer **Beobachtung** erfolgt die Erfassung sinnlich wahrnehmbarer Sachverhalte durch den Beobachter bzw. entsprechende Instrumente zum Zeitpunkt des Geschehens oder über einen bestimmten Zeitraum hinweg (Homburg/Krohmer 2006, S. 65). Abhängig davon, ob der Beobachtete von der Untersuchung bzw. deren Ziel weiß, unterscheidet man nach dem Bewusstseinsgrad verschiedene Arten der Beobachtung (vgl. Kapitel 5.1). Bei Beobachtungen, von denen der Proband Kenntnis hat, steigt die Gefahr der Verhaltensänderung. So wird sich der Fernsehzuschauer, der weiß, dass er während einer Sendung beobachtet wird, nicht so ungezwungen verhalten, wie der Zuschauer, der von der Beobachtung nichts weiß.

Bei einer **Befragung** wird der Proband dazu aufgefordert, auf gegebene Reize im Sinne der Aufgaben- oder Fragestellung zu reagieren. Damit kann sowohl die reine Beantwortung von Fragen in einem Interview als auch die Reaktion auf bestimmte Vorlagen (z. B. Werbespots) gemeint sein.

Befragungen können in mündlicher, schriftlicher oder elektronisch unterstützter Form durchgeführt werden. Bei einen computergestützten Telefoninterview (Computer Assisted Telephone Interview - CATI) werden die Probanden per Telefon kontaktiert und anhand eines standardisierten Fragebogens befragt. Bei einem "Day-After-Recall", rekonstruieren die Befragten den gestrigen Tagesablauf in Viertelstunden-Schritten. Der Interviewer trägt anschließend für jede Viertelstunde Tätigkeiten, z. B. essen zu Hause, Freizeit zu Hause, einkaufen usw. sowie die Mediennutzung (welcher Radio/TV-Sender) ein.

Bei **Experimenten** erfolgt die Datengewinnung durch Beobachtung oder Befragung auf der Basis einer Versuchsanordnung. Das Ziel besteht in der Aufdeckung bzw. Erforschung von Ursache-Wirkungszusammenhängen (Kausalitäten). Es ist zwischen Labor- und Feldexperimenten zu unterscheiden. Das **Laborexperiment** bietet Zeit- und Kostenvorteile. Es findet unter künstlichen Bedingungen statt, so dass Störgrößen bewusst ausgeschaltet werden. Beim Test eines TV-Spots wird so die volle Aufmerksamkeit des Probanden garantiert, da es keine störenden Einflüsse (z. B. Telefonanrufe) gibt. Das **Feldexperiment** wird im „normalen" Umfeld der Versuchsperson durchgeführt. Die Ergebnisse sind für die Grundgesamtheit repräsentativer, da die Probanden meist nichts von dem Experiment wissen. Die Identifikation und Kontrolle der Störgrößen erschweren diese Art des Experiments (Homburg/Krohmer 2006, S. 68 f.).

Besonderes Interesse besteht bei Rundfunkunternehmen und deren Marktpartnern hinsichtlich der Ermittlung langfristiger Entwicklungen von Einschaltquoten und Reichweiten. Dazu werden regelmäßig Erhebungen zum selben Inhalt und mit demselben Erhebungsdesign realisiert. Bei **Wellenerhebungen,** wie der Media-Analyse, werden zum gleichen Thema mit der gleichen Stichprobe (entspricht nicht denselben Probanden) Befragungen oder Beobachtungen durchgeführt. Bei der **Panelerhebung** erfolgt hingegen zum gleichen Thema eine Befragung bzw. Beobachtung der identischen Stichprobe (z. B. GfK Fernsehpanel).

Die Güte der durch die Erhebung gewonnenen Daten wird durch die Qualität des Messvorganges und des Messinstrumentes bestimmt. Für verlässliche Messergebnisse und Schlussfolgerungen müssen folgende Gütekriterien beachtet werden (Berekoven et al. 2006, S. 87 ff.):

Objektivität bezieht sich auf die Unabhängigkeit der Messergebnisse vom Untersuchenden. Eine andere Person sollte bei der Erhebung der Messungen zum gleichen Ergebnis kommen.

Reliabilität (Zuverlässigkeit) gibt den Grad der Messgenauigkeit eines Instrumentes an. Wiederholte Messungen sollten den gleichen Messwert liefern bzw. innerhalb eines bestimmten Bereiches liegen.

Validität (Gültigkeit) eines Testverfahrens ist gegeben, wenn es tatsächlich das misst, was gemessen werden soll.

4.2 Marktforschung im Werbemarkt

Der Verkauf von Werbezeiten stellt für den werbefinanzierten Rundfunk die wichtigste Einnahmequelle dar. Die Grundlage für eine stabile Kundenbindung bildet eine, auf die Bedürfnisse und Anforderungen der einzelnen Werbekunden zugeschnittene, Vermarktung der Werbezeiten. Zur Ermittlung der Bedürfnisse der Werbekunden ist es notwendig, diese in ihrer Gesamtheit zu erfassen. Um eine zweckmäßige, auf die Werbekunden ausgerichtete, Marketingstrategie zu entwickeln, müssen kontinuierlich Daten über die Kunden gesammelt und analysiert werden.

Die Beziehung des Rundfunkunternehmens zu seinen Werbekunden ist durch die Besonderheiten des Business-to-Busi-ness-Marketing (B-to-B) gekennzeichnet. Die Marktforschung muss dementsprechend ausgestaltet werden.

Grundsätzlich sollten alle Informationen über die Nachfrager analysiert werden, deren Auswertung dazu beitragen kann, die Beziehung zum Kunden vorteilhafter zu gestalten.

Die Daten über die Kunden lassen sich, wie in Abbildung 1 dargestellt, systematisieren.

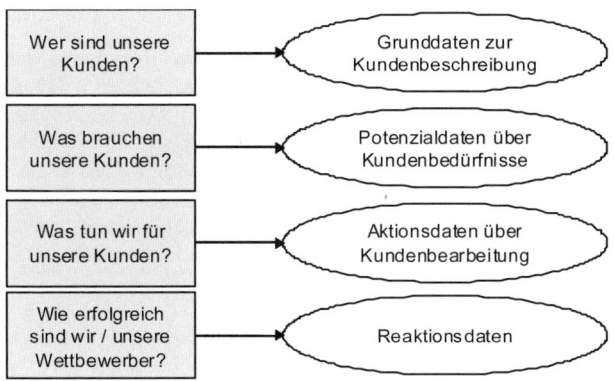

Abbildung 1: Systematisierung der Werbekundendaten (in Anlehnung an Homburg et al. 2002, S. 178 ff.)

Grunddaten dienen der allgemeinen Beschreibung des (potenziellen) Werbekunden. Sie umfassen demografische Faktoren (z. B. Firmensitz mit Kontaktperson, Mitarbeiterzahl, Rechtsform) und psychografische Faktoren (z. B. Preisnutzen, Qualitätsnutzen, Imagenutzen). Auch ist das bearbeitete Marktsegment des Werbungtreibenden von Interesse, da Kostenführer anders als Qualitätsführer oder Nischenanbieter an ihre Kunden herantreten.

Potenzialdaten geben Auskunft über die konkrete Nachfrage des Kunden in einem bestimmten Zeitraum. Aus ihnen lässt sich ermitteln, wann der Kunde welchen Gesamtbedarf für Werbezeiten entwickelt. Diese Informationen sind insbesondere für die Ermittlung von produktübergreifenden Umsatzpotenzialen (Cross-Selling-Potenziale) der Kunden sinnvoll.

Aktionsdaten beschreiben die seitens des Rundfunkunternehmens erfolgten Bearbeitungsmaßnahmen. Erfasst werden die Art, Intensität und Häufigkeit der Aktionen sowie die entsprechenden Zeitpunkte und die entstandenen Kosten. Zu den kundenbezogenen Aktionen zählen Mailings, Angebotserstellungen oder Beratungen.

Reaktionsdaten geben Aufschluss darüber, wie Kunden auf die Bearbeitungsaktionen des eigenen, aber auch fremder Unternehmen reagieren und ermöglichen eine wirtschaftliche Bewertung des Erfolgs der Aktionen bzw. der Kundenbeziehungen. Erfasst werden vor allem ökonomische (z. B. Umsatz, Auftragszahl und –höhe), aber auch nicht-ökonomische Erfolgsgrößen (z. B. Kundenzufriedenheit).

Die Analyse der Daten ermöglicht die objektive Bewertung der Werbekunden hinsichtlich ihrer strukturellen Eigenschaften. Durch die Kombination der Ergebnisse mit so genannten „weichen" Daten entsteht ein möglichst realitätsnahes Bild des Werbekunden, das eine präzisere Beurteilung der Attraktivität des Kunden zulässt. „Weiche" bzw. qualitative Daten können nicht mit objektiven Kennzahlen gemessen werden. Sie beeinflussen den Kaufentscheidungsprozess des Werbekunden in schwer kalkulierbarem Ausmaß.

Aufgaben

1. Grenzen Sie Primär- und Sekundärforschung voneinander ab!
2. Beschreiben Sie die Erhebungsmethoden, die im Rahmen der Primärforschung zum Einsatz kommen können!

3. Welche Gütekriterien werden für die Einschätzung der Qualität des Messvorganges und des Messinstrumentes herangezogen?

4. Wie lassen sich Werbekundendaten sinnvoll systematisieren?

Literatur

Berekoven, L./Eckert, W./Ellenrieder, P.: Marktforschung, 11., überarb. Aufl., Wiesbaden 2006

Breyer-Mayländer, T./Seeger, C.: Medienmarketing, München 2006

Herrmann, A./Homburg, C./Klarmann, M.: Marktforschung, Ziele, Vorgehensweisen und Nutzung, in: Herrmann, A./Homburg, C./Klarmann, M. (Hrsg.): Handbuch der Marktforschung, 3., vollst. überarb. u. erw. Aufl., Wiebaden 2008

Homburg, C./Krohmer, H.: Grundlagen des Marketingmanagements, Wiesbaden 2006

Homburg, C./Schäfer, H./Schneider, J.: Sales Excellence, 2. überarb. Aufl., Wiesbaden 2002

5 Marktforschung im Rezipientenmarkt

Rezipientenmarktforschung beschäftigt sich mit der Untersuchung der Eigenschaften und des Verhaltens der Rezipienten von Radio und Fernsehen. Aufgrund der Eigenheiten des Rundfunkmarktes richtet sie sich an verschiedene Adressaten und dient deren unterschiedlichen Ansprüchen. Einerseits begleitet die Rezipientenforschung den gesamten Programmplanungsprozess des Rundfunkunternehmens, indem sie Informationen für solche Entscheidungen wie der Marktsegmentierung, Positionierung und Imagebildung bereitstellt. Andererseits sind die ermittelten Daten für die Werbungtreibenden wichtig, um die Erfolgschancen und die Preise einzelner Angebote einzuschätzen.

Das vorrangige Ziel der Erforschung des Rezipientenmarktes besteht darin, für Sender die Präferenzen der Zuschauer oder Hörer zu ermitteln, um bedarfsgerechte Produkte zu entwickeln und das Programm optimal zu gestalten.

Weiterhin hat die Rezipientenmarktforschung die Aufgabe, den Teilnehmern des Werbemarktes Kennzahlen bereitzustellen, die als Grundlage für die Entscheidungsfindung beim Kauf und Verkauf von Werbezeiten dienen können. Im Rahmen der Vermarktung von Werbezeiten werden diese Zahlen auch zur Erfolgskontrolle bzw. zum Erfolgsnachweis gegenüber dem Werbekunden genutzt.

5.1 Methoden der Rezipientenforschung

Die Erforschung der Rezipienten steht in erster Linie für die Ermittlung von Reichweiten und Einschaltquoten. Es besteht ein enger Bezug zur Werbeträgerforschung.

Die **Rezipientenforschung** befasst sich mit der Zusammensetzung und den Hör- und Sehgewohnheiten der Rezipienten, der Mediennutzung, dem Nutzungsverhalten und der Nutzungsintensität. Sie liefert Anhaltspunkte dafür, ob eine Zielgruppe durch einen Sender mit möglichst wenigen Streuverlusten erreicht wird und ob sich dieser für die Übermittlung der Werbebotschaft eignet. Die **Methoden** der Rezipientenforschung dienen der Einschätzung von Produkten werbefinanzierter Rundfunkunternehmen.

Genauere Erkenntnisse über die Beeinflussungsprozesse der Rezipienten liefern **Techniken und Testverfahren**, die psychologische Aspekte berücksichtigen. Diese lassen sich wie folgt einteilen (in Anlehnung an Berekoven et al. 2006, S. 178 f.):

- nach dem Untersuchungsanliegen: Pretest (vor dem Werbeeinsatz), Posttest (nach dem Werbeeinsatz),

- nach der Art des zu testenden Werbemittel, z. B. Funkspot-Test, TV-Spot-Test,

- nach der Untersuchungssituation: Labor-, Studio- oder Feldtest,

- nach dem Bewusstseinsgrad des Probanden: offene, nicht-durchschaubare, quasi-biotische, biotische Situation,

- nach dem Grad der Produktionsstufe des Werbemittels: Konzeptions- und Gestaltungstest, Test von Rohentwürfen (z. B. halbfertige Spots), Test fertiger Werbemittel.

Die Reaktion des Probanden auf die Konfrontation mit einem Werbespot, einem Programmformat oder einem TV-Star kann mit folgenden Verfahren untersucht werden (in Anlehnung an Berekoven et al. 2006, S. 180 ff.):

Blickregistrierung ist eine Methode der apparativen Beobachtung. Sie erfasst beispielsweise die Blickbewegung des Probanden über einen TV-Spot. Dabei können sowohl auf dem Kopf sitzende brillenähnliche als auch berührungslose Systeme zum Einsatz kommen. Es wird ermittelt, welche Elemente eines dargebotenen Spots zuerst (Eye-Catcher) bzw. wiederholt (Hot-Spots) betrachtet werden und wie der Blick verläuft.

Die Stärke der emotionalen Erregung eines Rezipienten (Aktivierung) kann über direkte Befragung oder über Beobachtung ermittelt werden (Abbildung 1).

Die **Beobachtung der motorischen Reaktionen** (Mimik, Körperhaltung, Gestik) lässt Rückschlüsse auf emotionsauslösende Aspekte zu. Bei der FAST-Methode (Facial-Affect-Scanning-Technique) wird das Gesicht in drei Partien aufgeteilt, für welche systematisch das Ausdrucksverhalten dokumentiert wird. Die Ähnlichkeit des Ausdrucks mit dem Ausdruck auf einem standardisierten Bild dient dann zur Einschätzung der Emotion. Während die Mimik vorrangig dazu genutzt wird, um Emotionskategorien einzuschätzen, wird die Körpersprache herangezogen, um die Intensität der Emotion zu beschreiben. Derartige Beobachtungen können für die Einschätzung des Erfolgs von so genannten Emotionalisierungsstrategien, wie bei TV-Movies oder Reality-Soaps, eingesetzt werden, die von den Sendern für eine zielgruppenspezifische Ansprache genutzt werden.

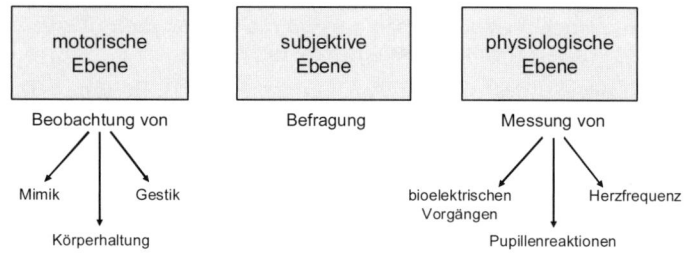

Abbildung 1: Möglichkeiten der Messung der Aktivierung (in Anlehnung an Berekoven et al. 2006, S. 182)

Darüber hinaus kommen die folgenden **physiologischen Verfahren** zur Messung der Aktivierung des Rezipienten zur Anwendung:

Die **Pupillometrie** stützt sich auf den engen Zusammenhang zwischen Pupillengröße und der Intensität der Emotion. Die Veränderungen des Durchmessers der Pupille während der Betrachtung eines Werbespots werden registriert und für Rückschlüsse auf erlebte (un)angenehme Emotionen genutzt.

Ein ähnliches Vorgehen steht hinter **Messung der Herzfrequenz**, bei der ein Zusammenhang zwischen der Veränderung des Pulsschlags und den empfundenen Emotionen unterstellt wird.

Die **Messung des elektrodermalen Hautwiderstandes** bzw. der psychogalvanischen Hautreaktion beruht auf der Veränderung des Hautwiderstandes durch bioelektrische Vorgänge. Aufgrund der bei der Medienrezeption auftretenden Veränderungen der elektrischen Leitfähigkeit der Haut lässt sich auf die Aktivierungsstärke eines Spots oder Trailers schließen.

Physiologische Verfahren liefern eine Aussage über die Stärke der Aktivierung. Diese hängt allerdings stark vom Rezipienten ab. Eine Aussage über die Richtung der Emotion lässt sich nicht ableiten. Dazu sind zusätzliche Daten, z. B. aus Befragungen, heranzuziehen.

Auf Basis von schriftlichen postalischen Befragungen in einem repräsentativen Panel mit 4300 Teilnehmern arbeitet die **Semiometrie**™ – ein von TNS Infratest angebotenes qualitatives Forschungsinstrument zur Messung der Grundeinstellungen und Wertevorstellungen von Zielgruppen. Die Semiometrie beruht auf den Annahmen, dass die Ursache des Verhaltens eines Menschen von den Wertevorstellungen bestimmt wird, die jeder in sich trägt, und dass diese durch die Beurteilung von Begriffen gemessen und abgebildet werden können. Das Ziel der Untersuchung besteht darin, den Wertekosmos des Befragten abzubilden. Dazu wird auf die Semiotik, die Lehre von der Bedeutung der Zeichen, zurückgegriffen. Einstellungen, Wertesysteme und Grundhaltungen werden über die Abfrage von Sympathien zu ausgewählten Wörtern auf einer siebenstufigen Skala (von „sehr angenehm" bis „sehr unangenehm") bewertet und anschließend analysiert. Die verdichteten Einzelbewertungen liefern so genannte semiometrische Basismappings, innerhalb derer für jede Zielgruppe ein semiotisches Profil erstellt werden kann (www.tns-infratest.com 2008).

Die Semiometrie wird im Rahmen der Mediaplanung genutzt, um zu klären, welche Zuschauer bzw. Hörer in ihren Wertevorstellungen mit den potenziellen Konsumenten vergleichbar sind. Durch die Überprüfung von Übereinstimmungen zwischen Zielgruppen- und Produktpositionierungen kann der Erfolg von Marketingmaßnahmen abgeschätzt werden.

Die praktische Marktforschung, deren Ergebnisse täglich von den Rundfunkunternehmen genutzt werden, ist stark standardisiert. Sie beruht vor allem auf computergestützten telefonischen Befragungen und auf apparativ durchgeführten Beobachtungen.

5.2 Fernsehzuschauerforschung

Die Fernsehzuschauerforschung wird in erster Linie von der Arbeitsgemeinschaft für Fernsehforschung (AGF) betrieben. Die AGF ist ein Zusammenschluss von ARD, ProSiebenSat.1 Media AG, RTL und ZDF. Sie ist nach dem Joint Industry Committee Modell organisiert (www.agf.de 2009).

Ein **Joint-Industry-Committee** zeichnet sich dadurch aus, dass mehrere Datenanbieter und –nachfrager die Forschung gemeinsam tragen. Diese Form des Zusammenschlusses gilt als die zweckmäßigste Organisation für die Trägerschaft von Werbemarktforschung. Ihr Vorteil liegt nicht nur in der gemeinsamen Kostenübernahme durch alle Mitglieder. Insbesondere die Zusammenarbeit von Datenanbietern und Datennachfragern ist sehr transparent gestaltet. Das trägt dazu bei, dass die gewonnenen Ergebnisse als „Währung" der Werbebranche akzeptiert und als Grundlage für die Preisberechnung genutzt werden können.

Das Ziel der AGF besteht in der gemeinsamen Durchführung und Weiterentwicklung der kontinuierlichen quantitativen Fernsehzuschauerforschung. Die AGF-Familien vereinigen mehr als 92 % des Zuschauermarktes und fast 95 % des Werbemarktes auf sich.

Die **GfK-Fernsehforschung** ermittelt kontinuierlich das Fernsehnutzungsverhalten. Zur Erhebung wird das Fernsehzuschauerpanel der GfK, das sich aus einem repräsentativen Kreis von Haushalten zusammensetzt, genutzt. Die Messung erfolgt mittels GfK-Meter (www.agf.de). Das ist ein spezielles TV-Meter, welches die personengenaue TV-Nutzung des Panelhaushaltes in regelmäßigen Intervallen aufzeichnet. Die Videorecordernutzung und die Nutzung von zeitversetztem Fernsehen werden ebenfalls registriert (www.gfk.de). Die Ergebnisse der Fernsehzuschauerforschung der AGF/GfK die-nen als Grundlage für die Ermittlung der Sehbeteiligung bzw. der Einschaltquoten.

Auf dem Fernsehmarkt erhobene und verwendete Kennziffern lassen sich in rezipientenbezogene und wirtschaftliche Messgrößen unterteilen. Letztgenannte bauen auf rezipientenbezogenen Daten auf, da die Beurteilung der Wirtschaftlichkeit einer Kampagne unmittelbar an die Rezipienten und deren Verhalten geknüpft ist. Die wichtigsten dieser Kenngrößen sind nachfolgend zusammengestellt.

Rezipientenbezogene Messgrößen auf dem Fernsehmarkt

Die Anzahl der **Seher** (früher: Netto-Reichweite) beschreibt die kumulierte Zuschauerzahl, die im Durchschnitt an einem Tag des Betrachtungszeitraumes innerhalb eines bestimmten Zeitintervalls mindestens eine Minute ununterbrochen ferngesehen hat.

Die **Sehbeteiligung** (durchschnittliche Personenreichweite) umfasst die Anzahl der Personen, die innerhalb eines bestimmten Zeitintervalls oder einer bestimmten Sendung im Durchschnitt ferngesehen haben.

Die **Sehdauer** gibt die Minutenzahl an, in der die beteiligten Personen während eines bestimmten Zeitintervalls im Durchschnitt ferngesehen haben.

Die **Verweildauer** beschreibt, wie viele Minuten die Personen, die tatsächlich Radio gehört oder ferngesehen haben, im Betrachtungszeitraum durchschnittlich vor dem Radio/Fernseher verbracht haben. Im Jahr 2007 betrug bei Personen ab 14 Jahren die Verweildauer pro Tag 299 Minuten (Abbildung 2).

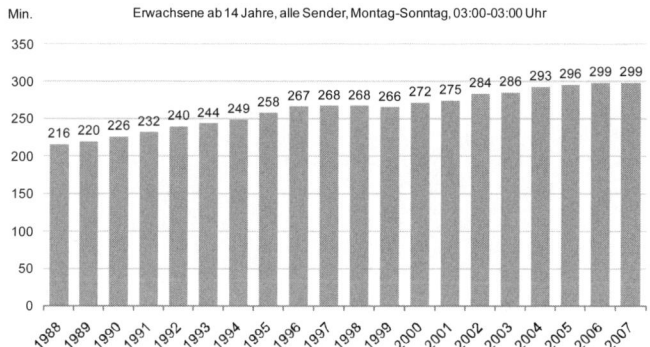

Abbildung 2: Entwicklung der durchschnittlichen Verweildauer pro Zuschauer/Tag in Minuten (www.agf.de 2008)

Die **Affinität** drückt die Ähnlichkeit einer Zielgruppe zu einer Referenzzielgruppe aus. Dieser Index steht für die Ausschöpfung der Zielgruppe. Werte größer 100 bedeuten eine hohe Zielgruppenausschöpfung. Werte unter 100 stehen für eine schlechte Ausschöpfung.

Die **Einschaltquote** per Definition gibt es nicht mehr, da die damit ursprünglich umschriebenen Zahlen an eingeschalteten Empfängern nicht mehr erhoben werden. Sie ist weiterhin umgangssprachlich im Gebrauch und wird vorwiegend in Bezug auf Programmdaten ausgewiesen. Die Einschaltquote beschreibt, wie viele Haushalte bzw. Personen einen Sender während einer bestimmten Dauer eingeschaltet haben. Für jede Person wird die Nutzung nach dem Anteil der gesehenen Sendungsdauer gewichtet. Eine Person, die 15 Minuten (30 Impulse) einer 60-minütigen Sendung (120 Impulse) verfolgt hat, wird mit dem Faktor 0,25 gewichtet, während eine Person, welche die ganze Sendung gesehen hat, mit dem Faktor 1 gewichtet wird.

Wirtschaftliche Kennzahlen auf dem Fernsehmarkt

Der **Tausend-Kontakt-Preis** (TKP) ist der Preis, den ein Werbekunde zahlen muss, um mit einem bestimmten Programm 1000 Zuschauer zu erreichen. Der TKP ist ein wichtiger Vergleichsmaßstab für die Werbeagenturen und Werbungtreibenden. Er dient als

Kriterium bei der Wahl der Platzierung der Werbung in einem bestimmten Programm.

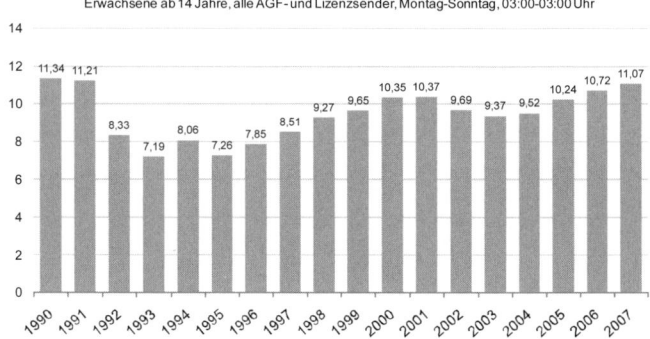

Abbildung 3: Entwicklung des Tausend-Kontakt-Preises für einen 30 sec Spot (www.agf.de)

Der **Gross Rating Point** (GRP) steht für die Kontaktsumme (Brutto-Reichweite) in einer bestimmten Zielgruppe. Der GRP wird mit der durchschnittlichen Sehbeteiligung berechnet. Er steht für das Ausmaß, mit dem die Werbung auf die Zielgruppe einwirkt (Werbedruck) und wird für die vergleichende Beurteilung von Mediaplänen genutzt. Ein GRP ist gleichbedeutend mit einer Brutto-Reichweite von einem Prozent der Zielgruppe.

Der **Cross Rating Point Preis** (Cost per GRP) besagt, wie viel für einen GRP bezahlt werden muss. Er berechnet sich aus dem Gesamt-GRP und den Einschaltkosten und ist vergleichbar mit dem Tausend-Kontakt-Preis.

Der **Marktanteil** entspricht dem relativen Anteil der Sehdauer einer Sendung an der Gesamtsehdauer aller Programme in einem bestimmten Zeitintervall.

5.3 Hörerforschung

Das Ziel der Hörerforschung besteht in der Ermittlung der Größe und der Zusammensetzung der Zuhörerschaft. Dazu werden Hörgewohnheiten, Einschaltquoten, Hörerreaktionen und Hörerverhalten statistisch erfasst. Die Ergebnisse sind die Basis für den Vergleich der verschiedenen Sender und Sendungen.

Für werbefinanzierte Hörfunksender geht es vorrangig um die Ermittlung von Gewohnheiten, Einstellungen, Wünschen und Bedürfnissen der Hörer. Die Werbekunden sind hingegen vor allem an der Größe, der Struktur und der Nutzungsintensität der Hörer interessiert.

Die wichtigste Institution für die Erforschung der Hörer in Deutschland ist die **Arbeitsgemeinschaft Media-Analyse e.V.** (ag.ma). Sie ist ein nach dem Joint Industry Committee Modell organisierter Verein von ca. 250 Unternehmen der Werbewirtschaft. Die ag.ma erforscht, wie die Rezipienten die gesamte Auswahl an Mediengattungen nutzen. Die Forschungsergebnisse werden in der Media-Analyse (ma) veröffentlicht und sind allgemein anerkannt (www.agma-mmc.de).

Die Kenngrößen des Radiomarktes lassen sich in rezipientenbezogene und wirtschaftliche Messgrößen einteilen, von denen nachfolgend eine Auswahl der gebräuchlichsten erläutert wird.

Rezipientenbezogene Messgrößen für den Radiomarkt

Der **weiteste Hörerkreis** umfasst alle Personen, die das Programm innerhalb der letzten vierzehn Tage gehört haben.

Die **Stammhörer** sind die Personen aus dem weitesten Hörerkreis, die an mindestens vier von sechs Werktagen den Sender hören.

Die **Verweildauer** entspricht der Zeitdauer, die ein Hörer durchschnittlich den Sender hört. Diese Größe steht für die Ausdauer der Hörfunknutzung. Sie berechnet sich aus der durchschnittlichen Summe gehörter Minuten der Hörer eines Senders.

Die **Hörer gestern** sind alle Personen, die während mindestens eines vorgegebenen Zeitabschnitts von 15 Minuten zwischen 5 und 24 Uhr Radio gehört haben.

Die **Hörer pro Tag** stehen für einen Wahrscheinlichkeitswert, der auf Basis der „Hörer gestern" berechnet wird.

Die **Hörer in der Durchschnittsstunde** entsprechen der durchschnittlichen Stundenreichweite eines Senders.

Die **Affinität** berechnet sich analog zur Affinität im Fernsehmarkt aus dem Verhältnis der Reichweite der Zielgruppe zur Vergleichszielgruppe.

Die **Hördauer** steht (analog zur Sehdauer) für die durchschnittliche Zeit, an der die befragten Personen in einem bestimmten Zeitintervall Radio gehört haben. Sie bezieht auch die Hörer mit ein, die das Gerät ausgeschaltet hatten.

Die **Tagesreichweite** (früher: Hörer gestern) umfasst die Personen, die im Tagesverlauf während mindestens eines vorgegebenen Zeitabschnittes (15 Minuten) Radio gehört haben.

Wirtschaftliche Kennzahlen im Radiomarkt

Die **Werbeträgerkontaktchance** beschreibt die Anzahl der Personen, die innerhalb einer Stunde mindestens einmal in irgendeiner werbeführenden Viertelstunde von einem oder mehreren Sendern erreicht werden. Mehrfachkontakte werden nicht berücksichtigt.

Die **Werbemittelkontaktchance** steht für die Anzahl der Personen, die in einer durchschnittlichen Viertelstunde innerhalb einer werbeführenden Sendestunde erreicht werden.

Tausend-Kontakt-Preis, Bruttoreichweite und Marktanteil werden analog zum Fernsehmarkt ermittelt.

5.4 Sekundärforschung im Rezipientenmarkt

Für die Sekundärforschung können eigene und fremde bereits vorliegende Quellen genutzt werden. Eine besondere Bedeutung für die Medienbranche haben **Markt-Media-Studien**. Sie sind besonders wichtig für die Medienbranche, weil sie aktiv als Vermarktungswerkzeug genutzt werden. Neben soziodemografischen Daten liefern diese Studien zielgruppenspezifische Informationen, die Aufschluss über das Konsum- und Mediennutzungsverhalten geben.

Zu den wichtigsten Markt-Mediastudien zählen (Breyer-Mayländer-/Seeger 2006, S136 f.):

VerbraucherAnalyse (VA):

Die VerbraucherAnalyse (VA) wird von der Axel Springer AG und der Bauer Verlagsgruppe durchgeführt. Sie ist eine der größten Markt-Media-Studien Europas. Auf Basis der Grundgesamtheit der deutschen Wohnbevölkerung (älter als 12 Jahre und in Privathaushalten) liefert die VA aktuelle, repräsentative Informationen über knapp 500 Produktbereiche. In der Untersuchung werden die Verbraucher sowohl zur Mediennutzung, zum Konsum- und Freizeitverhalten, zu Besitzmerkmalen als auch zu psychologischen und demografischen Merkmalen befragt (Single Source Untersuchung). Mündliche und schriftliche Befragungen werden kombiniert. Im Ergebnis bieten die Daten der VA Einblicke in das aktuelle Konsumentenverhalten der Deutschen und bilden eine geeignete Grundlage für die Marketing- und Werbeplanung, sowie auch für weiterführende Forschung (www.verbraucheranalyse.de).

Media-Analyse (MA):

Die Arbeitsgemeinschaft Media-Analyse e.V. (ag.ma) erstellt die grundlegende Media-Analyse (MA) für Deutschland. Sie umfasst neben Hörfunk und Fernsehen auch Kino, Plakat und Online-Medien. Für den Bereich der Fernsehzuschauerforschung bezieht die MA Daten der AGF/GfK zur Erstellung der Berichte zu den Werbeträgerkontaktchancen mit ein.

Die Radionutzungsdaten werden im Herbst und im Frühjahr in zwei Wellen über telefonische Befragungen (Computer Assisted Telephone Interviews = CATI) mit ca. 60000 Interviews erhoben.

Verbrauchs- und Medienanalyse (VUMA):

Diese Analyse ist für die Radio- und Fernsehplanung eine sehr wichtige Markt-Media-Studie. Im Auftrag der ARD-Werbung SALES & SERVICES (AS&S), des RMS Radio Marketing Service und des ZDF-Werbefernsehens werden über ein rollierendes Erhebungssystem in einer Frühjahrs- und Herbstwelle Single-Source-Daten zur Mediennutzung und zum Konsum erhoben. Die Grundgesamtheit bildet die deutsche Bevölkerung über 14 Jahre. Die Befragungen zur TV- und Radionutzung erfolgen in persönlichen mündlichen Interviews. Das Konsumverhalten wird über ein Haushaltsbuch erfasst, welches jeder Proband auszufüllen hat.

Auf diese Weise werden Nutzungsdaten von Radio und Fernsehen, die auf der MA basieren, mit detaillierten Konsumdaten kombiniert.

Typologie der Wünsche Intermedia (TdWI):

Das Verlagshaus Hubert Burda Media erstellt die Typologie der Wünsche, in welcher die erhobenen Konsum- und Mediadaten mit qualitativen und psychografischen Merkmalen sowie mit Lebensweltinformationen angereichert werden. So können sich abzeichnende Trends möglichst frühzeitig aufgezeigt werden.

Die Grundgesamtheit bildet die deutsche Bevölkerung in Privathaushalten, die älter als 14 Jahre ist. Die Daten werden in computergestützten Interviews (CAPI) auf Basis eines voll strukturierten Fragebogens und des Haushaltsbuches erhoben. Die individuelle Auswertung der Daten ist über einen online-Zählservice möglich (www.tdwi.com).

Allensbacher Markt- und Werbeträgeranalyse (AWA):

Das Ziel der AWA besteht in der Verknüpfung der verschiedenen Lebensstile mit den differenzierten Konsum- und Mediengewohnheiten. Besondere Berücksichtigung finden „special-interest"-Zielgruppen. Die Grundgesamtheit bildet die deutsche Bevölkerung (ab 14 Jahre in Privathaushalten). In einer Mehrthemenumfrage stützt sich die AWA auf ca. 21000 Interwiews, die mündlich und persönlich von geschulten Interviewern geführt werden. Im Ergebnis liefert die AWA Informationen über mehr als 2000 verschiedene (Teil-)Märkte, über Kauf- und Verbrauchsgewohnheiten sowie weitere Zielgruppenmerkmale und Marktinformationen. Schwerpunktmäßig untersucht sie die Nutzung und Reichweite von Printmedien. Darüber hinaus wird die Nutzung von insgesamt 13 Fernsehsendern und die Radionutzung ermittelt (www.awa-online.de).

Aufgaben

1. Geben Sie einen Überblick über die verschiedenen Techniken und Testverfahren der Rezipientenforschung, die psychologische Aspekte berücksichtigen!

2 Wozu dient die Blickregistrierung?

3. Mit welchen Methoden kann die Stärke der Aktivierung eines Rezipienten gemessen werden?

4. Beschreiben Sie die grundlegende Idee sowie Vorgehen und Ziel der Semiometrie!

5. Erläutern Sie die rezipientenbezogenen Meßgrößen im Fernseh- und im Hörfunkmarkt!

6. Erläutern Sie wirtschaftliche Kennzahlen im Fernseh- und Hörfunkmarkt!

7. Welche Markt-Media-Studien kennen Sie? Wozu kann ein Rundfunkunternehmen diese nutzen?

Literatur

Berekoven, L./Eckert, W./Ellenrieder, P.: Marktforschung, 11., überarb. Aufl., Wiesbaden 2006

Breyer-Mayländer, T./Seeger, C.: Medienmarketing, München 2006

Links

www.agf.de: Arbeitsgemeinschaft Fernsehforschung

www.agma-mmc.de:Arbeitsgemeinschaft Mediaanalyse e.V.

www.awa-online.de: Allensbacher Markt- und Werbeträgeranalyse

www.gfk.de: Gesellschaft für Konsumforschung

www.tdwi.com: Typologie der Wünsche

www.tns-infatest.com

www.verbraucheranalyse.de

Modul III: Strategisches Marketing

Das dritte Modul behandelt die strategischen Fragen des Marketing. Der Fokus liegt auf den Bestandteilen einer Marketingkonzeption. Für deren Entwicklung ist es wichtig, die Konstrukte strategische Geschäftsfelder, strategische Geschäftseinheiten und strategische Planungsfelder voneinander abzugrenzen. Am Beispiel einer strategischen Geschäftseinheit werden die Ziel- und Strategiebildung sowie deren Bewertung ausführlich betrachtet.

Nachdem die Lesenden dieses Modul durchgearbeitet haben, sollten sie Folgendes können:

- Vorgehensweise bei der strategischen Marketingplanung sowie den Zweck einer Marketingkonzeption erläutern,
- strategische Geschäftsfelder, strategische Geschäftseinheiten und strategische Planungsfelder voneinander abgrenzen,
- Zielsystem strukturieren, Sach- von Leistungszielen unterscheiden und operationalisieren sowie die Lenkleistung von Strategien verstehen,
- strategische Optionen in den Bereichen Marktfeld, Marktstimulierung, Marktparzellierung und Marktareal aufzeigen sowie mit Beispielen aus dem Radio- und TV-Bereich untersetzen,
- Marketingstrategien bewerten und ein Strategiesystem entwickeln.

6 Strategische Planung im werbefinanzierten Rundfunk

Die in der Situationsanalyse (vgl. Kapitel 3) erfassten Informationen aus der Mikro- und Makroumwelt des Rundfunkunternehmens sowie der Unternehmensanalyse bilden die Grundlage für die strategische Planung. Die Aufgabe der **strategischen Planung** besteht darin, Entscheidungen über die längerfristige Entwicklung des gesamten Unternehmens zu treffen.

Ausgehend von den Prämissen der strategischen Unternehmensplanung erfolgt die strategische Marketingplanung. Sie bezieht sich auf die strategischen Geschäftsfelder (SGF) und die strategischen Geschäftseinheiten (SGE) des werbefinanzierten Rundfunkunternehmens.

6.1 Strategische Marketingplanung

Bei der **Marketingplanung** muss das Markt- und das Unternehmensgeschehen systematisch analysiert, durchdacht und prognostiziert werden, um Richtlinien für das unternehmerische Verhalten im Marketingbereich abzuleiten. Die Marketingplanung ist ein informationsverarbeitender und willensbildender Prozess, der in Phasen eingeteilt wird. Sie basiert auf dem Grundgedanken eines hierarchischen Planungsansatzes mit entsprechenden Rückkopplungen.

Den Ausgangspunkt der strategischen Marketingplanung bildet die Situationsanalyse. Aufbauend auf den Erkenntnissen der Situationsanalyse und der daraus abgeleiteten Prognose zukünftiger Umwelt- und Unternehmensentwicklungen können die Marketingziele festgelegt werden.

Die meisten Medienunternehmen sind Mehrproduktunternehmen, die in verschiedenen Medienmärkten (z. B. Radio-, Zeitungs- und Onlinemarkt) tätig sind. Sie müssen vor der Zielfestlegung ihren Gesamtmarkt grob segmentieren. Wird der Gesamtmarkt anhand abnehmerbezogener Anforderungen in homogene Segmente aufgeteilt, so entstehen **strategische Geschäftsfelder** (SGF) (Meffert et al. 2008, S. 255). Ein Medienunternehmen kann beispielsweise im SGF Fernsehen mehrere Sender mit unterschiedlichen Programmen für verschiedene Zielgruppen betreiben. Jeder einzelne Fernsehsender bildet dann eine **strategische Geschäftseinheit** (SGE).

Für jedes SGF und für jede SGE sind Marketingziele zu bestimmen. Die nächste Phase im Marketingplanungsprozess ist die Formulierung von Marketingstrategien zur Zielerreichung. Dem schließt sich die Auswahl geeigneter Marketinginstrumente zur Strategieumsetzung an. Alle Phasen im Marketingplanungsprozess sind aufgrund vielfältiger Interdependenzen eng miteinander verknüpft. Ob die geplanten Ziele, Strategien und Maßnahmen auch wirklich vom Rundfunkunternehmen realisiert werden, muss durch das Marketingcontrolling verfolgt werden.

Die Festlegungen auf der Ziel-, Strategie- und Maßnahmenebene werden in der Marketingkonzeption formuliert. Werbefinanzierte Rundfunkunternehmen benötigen eine Marketingkonzeption, wenn sie ihre Absatzmärkte kundenorientiert bearbeiten wollen. Zu den Gründen, die für eine konzeptionelle Vorgehensweise im Medienmarketing sprechen, zählen: schlecht prognostizierbares Rezipienten- und Werbekundenverhalten, schwaches Marktwachstum und fortschreitende Digitalisierung. Die komplexen Umweltkonstellationen können nur mit einem **konzeptionellen Marketing** erfolgreich bewältigt werden. Eine Marketingkonzeption gibt dem werbefinanzierten Rundfunkunternehmen Handlungsempfehlungen für das marktgerechte unternehmerische Verhalten. Sie besteht aus den drei Konzeptionsebenen Marketingziele, -strategien und -instrumente und bildet den Kern der Marketingplanung.

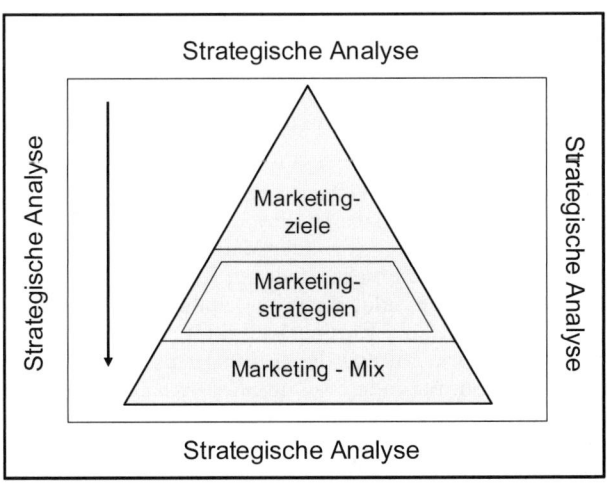

Abbildung 1: Marketingkonzeption

Eine **Marketingkonzeption** ist ein schriftlich fixierter, schlüssiger Handlungsplan, der sich an angestrebten Zielen des werbefinanzierten Rundfunkunternehmens orientiert. Für deren Realisierung werden geeignete Strategien gewählt und auf deren Grundlage die passenden Marketinginstrumente festgelegt (Becker 2006, S. 5). Die Marketingziele legen die angestrebten Positionen (Sollzustände), die Marketingstrategien die grundsätzliche Vorgehensweise (Handlungsrahmen) und der Marketingmix die einzusetzenden Instrumente fest. Somit koordiniert eine Marketingkonzeption alle Maßnahmen des werbefinanzierten Rundfunkunternehmens.

6.2 Strategische Planungsfelder

Medienunternehmen bearbeiten meist mehrere Medienteilmärkte. Die WAZ Mediengruppe ist mit 11 Radiosendern im Hörfunkmarkt tätig. Sie bietet gleichzeitig 33 Tageszeitungen, 18 Wochenzeitungen, 176 Publikums- und Fachzeitschriften sowie weitere Dienstleistungen an und betreibt eine Vielzahl von Online-Portalen (www.waz-mediengruppe.de 2009). Die WAZ Mediengruppe ist demzufolge in unterschiedlich zu bearbeitenden strategischen Geschäftsfeldern, und zwar dem Hörfunkmarkt, Zeitungs- und Zeitschriftenmarkt sowie dem Onlinemarkt, tätig. Im strategischen Geschäftsfeld Hörfunk bildet jeder einzelne der 11 Radiosender eine strategische Geschäftseinheit. Für jede von ihnen muss eine eigene Marketingkonzeption erarbeitet werden.

Eine **strategische Geschäftseinheit** ist eine Organisationseinheit, die mit eindeutig abgrenzbaren Produkten eigenständig einen definierten Markt bearbeitet (Produkt-Markt-Kombination) und damit einen Beitrag zum Unternehmenserfolg leistet. Die SGE hat eine eigene **Marktaufgabe** und agiert als vollwertiger Konkurrent am Markt. Das Merkmal der **Eigenständigkeit** ist erfüllt, wenn die SGE einen eigenen Markt hat und diesen auf der Basis einer eigenen Marketingkonzeption mit anderen Wettbewerbern bearbeitet. Liefert die SGE einen eigenen Beitrag zur Steigerung des Erfolgspotenzials des gesamten Rundfunkunternehmens, dann ist auch das dritte Merkmal, der **Beitrag zum Unternehmenserfolg**, erfüllt.

Werbefinanzierte Radio- und TV-Sender bieten ihre Produkte und Leistungen auf dem Rezipientenmarkt und dem Werbemarkt an. Der bisherigen Logik folgend, muss jeder dieser beiden Absatzmärkte von einer gesonderten strategischen Geschäftseinheit bearbeitet werden, weil Rezipienten und Werbekunden gleichfalls verschiedene Bedürfnisse haben und sich am Markt unterschiedlich verhalten.

Da diese beiden Geschäftseinheiten nur teilweise eigenständig sind, kann man sie nicht als SGE bezeichnen. Sie besitzen zwar eine eigene Marktaufgabe, agieren aber im Erstellungsprozess des Medienproduktes nicht eigenständig. Das Medienprodukt (Fernseh- bzw. Radioprogramm), bestehend aus den redaktionellen Inhalten und der Werbung, entsteht nur, wenn beide miteinander kooperieren. Keine der beiden SGEs kann völlig losgelöst von der anderen ihre Aufgabe erfüllen. Deshalb handelt es sich lediglich um zwei **strategische**

Planungsfelder (SPF), wovon das eine den Rezipienten- und das andere den Werbemarkt bearbeitet.

Das Geschäftsmodell des werbefinanzierten Rundfunkunternehmens funktioniert durch die Kombination der Tätigkeit beider strategischer Planungsfelder, die zusammen eine strategische Geschäftseinheit bilden. Erst durch die Zusammenführung der Ergebnisse der Tätigkeit beider kann Gewinn generiert werden. Jedes strategische Planungsfeld wird von einem eigenen Management geleitet und mit bestimmten Ressourcen ausgestattet.

Die Deutsche Sportfernsehen GmbH (DSF) bietet als führender Sportsender sein Programm für die Zielgruppe Männer im Rezipientenmarkt an. Das Programmangebot auf dem Rezipientenmarkt basiert auf den Säulen Live- und Premiumsport mit den Schwerpunkten Fußball, Motorsport und Reportagen. Es wird von einem Team aus mehr als 200 Mitarbeitern erstellt, welches als eigene organisatorische Einheit (erstes strategisches Planungsfeld) für die Befriedigung der Rezipientenbedürfnisse zuständig ist. Für die Bearbeitung des Werbekundenmarktes ist eine weitere Abteilung (zweites strategisches Planungsfeld) verantwortlich, die DSF Werbezeitenvermarktung (www.dsf.de 2009).

6.3 Entwicklung eines Zielsystems

Unternehmerisches Handeln richtet sich immer auf die Erfüllung von Zielen. Sie garantieren die Existenzsicherung eines privatwirtschaftlichen Unternehmens. **Ziele** sind Richtgrößen im Entscheidungsprozess. Die Tätigkeit werbefinanzierter Rundfunkunternehmen dient der langfristigen Gewinnerwirtschaftung und Gewinnmaximierung. Die Gewinnmaximierung ist somit das **Oberziel** des Unternehmens. Um das zu erfüllen, müssen Austauschprozesse auf dem Werbekunden- und dem Rezipientenmarkt generiert werden.

In einem Rundfunkunternehmen bestehen unterschiedliche Aufgaben und Planungsebenen. Es treffen verschiedene, manchmal gegensätzliche, persönliche Interessen aufeinander. So sind die Verantwortlichen für die publizistischen Programminhalte an einer hohen Qualität der Sendungen interessiert. Die Werbezeitenverkäufer sehen in erster Linie die Interessen ihrer Werbekunden am Kontakt mit der Zielgruppe. Die Controller haben ständig die Kosten und somit die ökonomischen Ziele im Blick. **Zielbildung** ist ein komplexer Entscheidungsprozess, bei dem verschiedene Interessen und Machtansprüche aufeinanderstoßen. Das Endresultat ist das Zielsystem, das meist eine Kompromisslösung darstellt (Welge/Al-Laham 2001, S. 111).

Nach der Bestimmung der Oberziele sind im Rahmen der Konzeptionsentwicklung schrittweise Teilziele vorzugeben. Zuerst müssen die Teilziele für alle strategischen Geschäftsfelder, dann für alle strategischen Geschäftseinheiten und anschließend für alle strategischen Planungsfelder festgelegt werden. Auf diese Art und Weise entsteht eine Zielpyramide. Die Ziele werden von oben nach unten immer konkreter formuliert. Die Vermeidung von Zielkonflikten erfordert ein in sich geschlossenes Zielsystem. Ideal ist ein hierarchisch aufgebautes **Zielsystem**, in dem das jeweils untergeordnete Ziel ein Mittel zur Erfüllung des übergeordneten Ziels ist (Ziel-Mittel-Beziehung). **Marketingziele** sind die für den Marketingbereich formulierten anzustrebenden Zustände, die durch den Einsatz der Marketinginstrumente erreicht werden sollen (Meffert et al. 2008, S. 21).

Die ProSiebenSat.1 Media AG hat für das Gesamtunternehmen Oberziele formuliert, die für alle drei strategischen Geschäftsfelder (Free-TV deutschsprachiger Raum, Free-TV international und Diversifikation) gelten und in den strategischen Geschäftseinheiten weiter zu konkretisieren sind. Das SGF Free-TV deutschsprachiger Raum besteht aus den strategischen Geschäftseinheiten Sat.1, ProSieben, kabeleins und N24. Nachdem beispielsweise für die SGE Sat.1 die Marketingziele auf der Basis der strategischen Geschäftsfeldziele erarbeitet wurden, sind die Unterziele für die strategischen Planungsfelder Werbemarkt und Rezipientenmarkt zu konkretisieren.

Marketingziele bedürfen einer **Operationalisierung**, d. h. Zielinhalt, Zielausmaß und Zielperiode sind festzulegen (Becker 2006, S. 108). Der **Zielinhalt** gibt Antwort auf die Frage „Was soll erreicht werden?". Bei der Bestimmung des Zielinhalts ist zwischen den Sach- und den Formalzielen zu unterscheiden. **Sachziele** (Leistungsziele) beziehen sich unmittelbar auf den Leistungsprozess. Sie beschreiben die materielle Struktur des angestrebten Zustandes, z. B. den Inhalt des Medienproduktes bzw. des Produktprogramms.

Bei werbefinanzierten Rundfunkunternehmen ist das oberste Sachziel die Herstellung von Kontaktchancen mit den Rezipienten für die Werbewirtschaft. Nur so können Werbeplätze verkauft und Gewinn erwirtschaftet werden. Kontaktchancen entstehen, wenn das Rundfunkunternehmen seine Medienprodukte zielgruppengerecht gestaltet. Bei den Sachzielen geht es um die Art und Weise, auf die der Zielgruppenkontakt hergestellt wird. Zu den Sachzielen eines werbefinanzierten Rundfunksenders gehören die Struktur der Programminhalte, die Programmqualität, die zeitliche Platzierung einzelner Programmbestandteile, das Werbezeitenangebot, die Kontaktqualität und die Werbewirkung.

Formalziele (Ertragsziele) bestimmen, wie bzw. auf welche Art und Weise die Sachziele zu erreichen sind. Sie besitzen rein ökonomischen Charakter und stellen Vorgaben über die Art der wirtschaftlichen Erfüllung der Sachziele dar. Als oberstes Formalziel verfolgen werbefinanzierte Rundfunkunternehmen die Gewinnmaximierung. Zu den untergeordneten Formalzielen gehören Rentabilität, Liquidität, Kostenminimierung, Wirtschaftlichkeit und Unternehmenswachstum (Tabelle 1).

Tabelle 1: Ausprägungen von Sach- und Formalzielen im werbefinanzierten Rundfunk

Zielausprägungen	
Sachziele	Formalziele
Struktur der Programminhalte Programmqualität Programmstruktur zeitliche Platzierung der Programmbestandteile Werbezeitenangebot Kontaktqualität Werbewirkung	Gewinn Rentabilität Liquidität Kosten Wirtschaftlichkeit Wachstum Sicherung der Zahlungsfähigkeit

Im Gegensatz zu öffentlich-rechtlichen Rundfunkunternehmen dominieren bei werbefinanzierten Unternehmen die Formalziele die Sachziele. Das bedeutet, das Erreichen der Sachziele ist ein Mittel zum Zweck. Die Formalziele dienen der Gewinnmaximierung.

Das **Zielausmaß** gibt Antwort auf die Frage, wie viel erreicht werden soll. Das Rundfunkunternehmen kann begrenzte oder unbegrenzte Ziele vorgeben. Bestehen keine Zielbegrenzungen, wird das Zielausmaß durch Maximierung bzw. Minimierung der Parameter vorgegeben. So strebt der Fernsehsender Das Vierte, dessen neuer

Eigentümer Mini Movie International Channel ™ mit Sitz in Luxemburg ist, eine Erhöhung der Marktanteile an, ohne dafür konkrete Zahlen zu benennen (www.das-vierte.de 2009). Derartig unbegrenzt formulierte Ziele beinhalten einen Imperativ und veranlassen die Entscheidungsträger, ständig nach Wegen zu einer höheren Zielerreichung zu suchen. Werden Ziele mit einer Begrenzung formuliert, kann die Suche nach besseren Alternativen ab einem bestimmten Zeitpunkt abgebrochen werden.

Die **Zielperiode** gibt den zeitlichen Rahmen vor, in dem vom Rundfunkunternehmen ein bestimmtes Ziel zu erreichen ist. Generell ist zwischen lang-, mittel- und kurzfristigen Zielen zu unterscheiden. Langfristige Ziele werden für einen Zeitraum von fünf und mehr Jahren festgelegt. Kurzfristige Ziele haben eine Geltungsdauer von bis zu einem Jahr. Zu den kurzfristigen Zielen zählen beispielsweise Quartalsziele bei den Einschaltquoten oder monatliche Umsatzziele.

Operationalisierte Ziele ermöglichen zum gegebenen Zeitpunkt eine Überprüfung, ob die definierten Sollzustände erreicht wurden oder nicht. Aus den Ergebnissen dieser Prüfung muss der Rundfunksender dann entsprechende Konsequenzen ziehen.

Sowohl zwischen den Marketingzielen selbst, als auch zwischen ihnen und den Unternehmenszielen bestehen **Zielbeziehungen.** Marketingziele können sich gegenseitig positiv oder negativ beeinflussen bzw. neutral zueinander stehen. Von **Zielkomplementarität** wird gesprochen, wenn die Erreichung eines Ziels zur besseren Erfüllung eines anderen Ziels beiträgt. So führt eine Erhöhung der Rezipientenzufriedenheit zu einer höheren Kundenbindung. Hat die Erreichung eines Ziels keinen Einfluss auf die Erfüllung eines anderen Ziels, so handelt es sich um **Zielneutralität.** Beispielsweise steht die Preisgestaltung im Werbemarkt in keinem Zusammenhang mit der Mitarbeitermotivation. **Zielkonflikte** treten dann auf, wenn sich das Erreichen eines Ziels negativ auf die Erfüllung des anderen Ziels auswirkt. Ein Zielkonflikt entsteht, wenn das Ziel der Kostenreduktion durch Personalabbau in der Werbezeitenvermarktung die Verbesserung der Mitarbeiterzufriedenheit zunichte macht. Konfliktäre Ziele bedürfen einer schnellen Managemententscheidung, weil ansonsten dem werbefinanzierten Unternehmen langfristig Schaden zugefügt werden kann. Sind die Marketingziele festgelegt, so schließt sich die zweite Phase der Entwicklung einer Marketingkonzeption an, die Strategieformulierung.

Aufgaben

1. Was versteht man unter Marketingplanung und aus welchen Phasen besteht der Planungsprozess im werbefinanzierten Rundfunk?

2. Erklären Sie den Aufbau einer Marketingkonzeption!

3. Grenzen Sie die Begriffe strategische Geschäftseinheit und strategisches Planungsfeld voneinander ab!

4. Warum müssen Marketingziele im Free-TV operationalisiert werden?

5. Nennen und erläutern Sie grundlegende Eigenschaften einer strategischen Geschäftseinheit! Warum hat ein werbefinanziertes Rundfunkunternehmen strategische Planungsfelder?

6. Erläutern Sie am Beispiel der ProSiebenSat.1 Media AG, was ein Zielsystem ist und aus welchen Zielebenen es sich zusammensetzt!

7. Grenzen Sie für einen werbefinanzierten TV-Sender die Sachziele von den Leistungszielen ab!

Literatur

Becker, J.: Marketingkonzeption. Grundlagen des ziel-strategischen und operativen Marketing-Managements, 8., vollst. überarb. u. erw. Aufl., München 2006

Meffert, H./Burmann, C./Kirchgeorg, M.: Marketing. Grundlagen marktorientierter Unternehmensführung. Konzepte – Instrumente - Praxisbeispiele, 10., vollst. überarb. u. erw. Aufl., Wiesbaden 2008

Welge, M. K./Al-Laham, A.: Strategisches Management, 3., aktual. Aufl., Wiesbaden 2001

Links

www.das-vierte.de

www.dsf.de: Deutsches Sportfernsehen

www.waz-mediengruppe.de 2009: Westdeutsche Allgemeine Zeitung-Gruppe

7 Marketingstrategien für Radio- und TV-Sender

Ein Zielsystem beschreibt den zukünftig anzustrebenden Zustand des werbefinanzierten Rundfunkunternehmens. Es beinhaltet jedoch keine unmittelbaren Informationen darüber, wie dieser Zustand erreicht werden soll. Deshalb muss ein Strategiesystem entwickelt werden. Unternehmens- und Marketingstrategien beinhalten Aussagen über das langfristige Verhalten des Rundfunkunternehmens unter Annahme bestimmter Umweltbedingungen. Strategien müssen, wie die Ziele, sehr sorgfältig und abgesichert erarbeitet sowie in ein in sich geschlossenes System integriert werden. Die übergeordneten Unternehmensstrategien werden durch die jeweils untergeordneten Strategien, z. B. für jede strategische Geschäftseinheit oder jedes strategische Planungsfeld, untersetzt.

7.1 Grundlagen der Strategiewahl

Strategien sind Träger von Lenkleistungen. Sie beinhalten Aussagen darüber, wie der im Zielsystem beschriebene Zustand effizient erreicht werden kann. Man kann sie sich als einen Kanal vorstellen, der den Aktionsspielraum zur Erreichung der Ziele in sinnvoller Weise einschränkt (Abbildung 3). Der Strategiekanal bietet genügend taktische Spielräume, um auf Markt- und Umweltveränderungen adäquat zu reagieren.

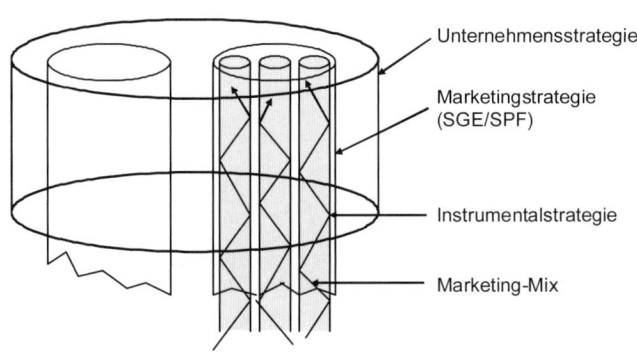

Abbildung 1: Lenkleistung von Strategien (in Anlehnung an Becker 2006)

Strategische Entscheidungen zeichnen sich durch die Prämissen Unsicherheit, Ressourcenbegrenztheit und Irreversibilität aus. Der Prozess der Strategiefindung ist bei werbefinanzierten Rundfunkunternehmen komplizierter als bei konsumgüterproduzierenden Unternehmen.

Unsicherheit: Dem Rundfunkunternehmen stehen zu jedem Zeitpunkt mehrere Strategien offen. Ob sie erfolgreich sind oder nicht und wie sich das Unternehmen nach seiner Wahl weiterentwickelt, ist schlecht prognostizierbar.

Ressourcenbegrenztheit: Kein Rundfunkunternehmen kann alle Strategien umsetzen, weil seine Ressourcen, wie z. B. Kapital, Managementkapazitäten und Know-how begrenzt sind. Demzufolge muss es sich auf bestimmte Geschäftsfelder und Schwerpunkte konzentrieren. Das bedeutet, dass es bei seinen strategischen Entscheidungen immer zwischen mehreren Möglichkeiten wählen muss. Gleichzeitig entstehen durch die Komplexität der Rundfunkmärkte Beschränkungen, weil das Unternehmen nur einen bestimmten Grad an Komplexität bewältigen kann. In Abhängigkeit von der Unternehmensausstattung sind komplizierte Wahlentscheidungen zu treffen.

Irreversibilität: Eine einmal gewählte, langfristig geplante und umgesetzte Marketingstrategie ist nicht beliebig umkehrbar, da sie Ressourcen, Zeit und Energie beansprucht. Die Wahl der richtigen oder falschen Strategie entscheidet über das Schicksal des Rundfunkunternehmens.

7.2 Kundenorientierte Marketingstrategien

Für ein besseres Verständnis wird nachfolgend auf die Marketingstrategien eines werbefinanzierten Rundfunkunternehmens eingegangen, welches nur aus einer strategischen Geschäftseinheit besteht. Diese Einheit umfasst zwei strategische Planungsfelder, für die gesondert Marketingstrategien zu entwickeln sind (vgl. Kapitel 7.1). Rundfunkunternehmen verfolgen mehrere Marketingstrategien, die in einem Strategiesystem zusammengeführt werden. Die Formulierung einer Marketingstrategie erfolgt durch die Wahl aus bestimmten strategischen Optionen.

In der Literatur gibt es unterschiedliche Systematisierungsansätze, die versuchen, das gesamte Entscheidungsspektrum der Marketingstrategien zu erfassen. An dieser Stelle wird dem Strategiekonzept von Becker (2006, S. 147 ff.) gefolgt.

Zur **Entwicklung eines Strategiesystems** sind mehrere Schritte erforderlich. Zuerst müssen die Strategieoptionen für den Rezipienten- und für den Werbemarkt generiert werden. Anschließend erfolgt eine Bewertung der entwickelten Optionen, der sich die Auswahl der zu realisierenden Strategieoptionen als Optimierungsaufgabe anschließt.

Jeder werbefinanzierte Radio- und Fernsehsender kann für jedes strategische Planungsfeld selbst neue Strategieoptionen kreieren. In der Praxis wird meist auf bestehende und bewährte Denkmodelle zurückgegriffen. Sie stellen ein konsistentes Raster dar und vereinfachen den komplizierten Prozess der Strategiegenerierung. Denkmodelle basieren in der Regel auf einer Matrix und weisen ein hohes Abstraktionsniveau auf.

Das Strategiekonzept nimmt eine **kundenorientierte Systematisierung** strategischer Optionen vor. Wie die Tabelle 2 zeigt, wird die Marketingstrategie aus den vier Strategieebenen (Dimensionen) Marktfeldstrategie, Marktstimulierungsstrategie, Marktparzellierungsstrategie und Marktarealstrategie ausgewählt.

Tabelle 1: Marketingstrategisches Grundraster (Becker 2006, S. 148)

Strategie-ebenen	Art der strategischen Festlegung	strategische Basisoption
Marktfeld-strategie	Festlegung der Art der Produkt/Markt-Kombination(en)	gegenwärtige oder neue Produkte in gegenwärtigen oder neuen Märkten
Marktstimulie-rungsstrategie	Bestimmung der Art und Weise der Marktbeeinflussung	Qualitäts- oder Preis-wettbewerb
Markt-parzellierungs-strategie	Festlegung von Art und Grad der Differenzierung der Marktbearbeitung	Massenmarkt- oder Segmentierungsmarketing
Marktareal-strategie	Bestimmung der Art und Stufen des Markt- bzw. Absatzraumes	nationale oder internationale Absatzpolitik

Beim werbfinanzierten Rundfunk ist sowohl für den Rezipienten- als auch für den Werbemarkt innerhalb jeder Dimension eine Auswahl aus mehreren möglichen strategischen Optionen zu treffen. Am Beispiel des strategischen Planungsfeldes **Rezipientenmarkt** soll gezeigt werden, welche strategischen Optionen möglich und gestaltbar sind.

Marktfeldstrategien haben die Festlegung der generellen Stoßrichtung im Rezipientenmarkt durch die Fixierung des Leistungsprogramms zum Gegenstand. Ein **Marktfeld** ist eine Produkt-Markt-Kombination. Zur Bestimmung der Marktfeldstrategie wird die Produkt-Markt-Matrix von Ansoff (1966, S. 132) genutzt, die folgende vier Wachstumsoptionen beinhaltet.

Tabelle 2: Produkt-Markt-Matrix

Märkte / Produkte	gegenwärtig	neu
gegenwärtig	Marktdurchdringung	Marktentwicklung
neu	Produktentwicklung	Diversifikation

Die **Marktdurchdringungsstrategie** setzt auf die Intensivierung der Marketingbemühungen mit den derzeitigen Produkten auf dem gegenwärtig bearbeiteten Markt. Das Ziel ist die Vergrößerung des Marktanteils, das auf drei Arten erreicht werden kann:

1. Erhöhung der Nutzungsrate bei den bestehenden Kunden, z. B. durch Verbesserung der Qualität der Sendungen, Verbreitung des Programms über bessere Distributionskanäle und Durchführung von Events durch den Sender.

2. Gewinnung von Kunden der Konkurrenz, z. B. durch eine konkurrenzorientierte Programmgestaltung, Benchmarking bei beliebten Formaten, Imagekampagnen und eine verbesserte Kommunikation des Produktnutzens.

3. Erschließung von Nicht-Verwendern, z. B. durch die gezielte Ansprache über andere Medien und die Verteilung von gespeicherten Produkt- bzw. Programmproben über das Internet.

Die zweite Option innerhalb der Marktfeldstrategien ist die **Marktentwicklungsstrategie**. Das Ziel besteht in der Gewinnung neuer Absatzmärkte für die gegenwärtigen Produkte im Rezipientenmarkt. Dieses Ziel kann auf drei Wegen erreicht werden:

1. Erschließung neuer Absatzräume im In- und Ausland. So hat die ProSiebenSat.1-Gruppe im Jahr 2007 die in Amsterdam ansässige

Sendergruppe SBS übernommen und ihren TV- und Radiosendebereich vor allem auf die Benelux-Staaten, Skandinavien und Osteuropa ausgeweitet.

2. Erschließung von funktionalen Zusatzmärkten, z. B. durch die Übertragung von Rundfunksendungen auf Mobiltelefone oder andere mobile Kommunikationsgeräte.

3. Schaffung neuer Teilmärkte, z. B. durch die Entwicklung von speziellen Produktvarianten, die auf die Bedürfnisse bestimmter, bisher von der Nutzung ausgeschlossener, Zielgruppen genau abgestimmt sind.

Die **Produktentwicklungsstrategie** zielt darauf, für bestehende Märkte neue Produkte zu entwickeln. Die Produktentwicklung kann ein werbefinanzierter Rundfunksender folgendermaßen umsetzen:

1. Entwicklung einer echten Innovation, beispielsweise eines Sendeformates, was es bisher noch nie gab. Dazu zählt die Sat.1-Show „Schlag den Raab", bei der sich der Moderator allen Herausforderungen selbst stellt. Eine weitere Innovation sind die Märchenparodien „ProSieben Märchenstunde", die als Spielfilm ab 2006 gesendet wurden.

2. Grundlegende Verbesserung der vorhandenen Produkte, so dass quasi-neue Produkte entstehen, die bekannte Produkte imitieren, wie z. B. Gameshows.

3. Entwicklung von dem Original nachempfundenen bzw. nachgeahmten Produkten, die sich vom Original in unwichtigen Produkteigenschaften unterscheiden, z. B. nach dem Vorbild der 1997 erstmalig vom schwedischen Fernsehen sehr erfolgreich gesendeten Reality-Show „Expedition: Robinson" produziert ProSieben ein ähnliches deutsches Produkt, die Show „Survivor".

Die **Diversifikation** bildet die vierte strategische Option bei den Marktfeldstrategien, die meist genutzt wird, wenn alle anderen Wachstumsoptionen bereits ausgeschöpft sind oder ein „zweites Standbein" aufgebaut werden soll. Die unternehmerischen Aktivitäten richten sich auf neue Märkte mit völlig neuen Produkten. Eine Diversifikation ist mit dem Überschreiten von Branchengrenzen verbunden und horizontal, vertikal sowie lateral realisierbar.

Bei **horizontaler Diversifikation** wird das bisherige Produktprogramm um verwandte Produkte für tendenziell gleiche Abnehmergruppen auf der gleichen Wertschöpfungsstufe erweitert. Beispielsweise kann ein Fernsehsender durch Gründung bzw. Erwerb einer Onlineplattform sein Produktportfolio vergrößern.

Vertikale Diversifikation zeichnet sich dadurch aus, dass Produkte in das Leistungsprogramm aufgenommen werden, die den bisherigen Stufen der Wertschöpfungskette des Rundfunkunternehmens vor- bzw. nachgelagert sind. Ein Beispiel ist der Erwerb eines Musikproduzenten durch einen Musiksender.

Laterale Diversifikation besteht darin, dass der Rundfunksender in völlig neue Produkt- bzw. Marktbereiche eindringt, die in keinem Zusammenhang mit seiner bisherigen Geschäftstätigkeit stehen. Beispielsweise hat Super RTL mit dem TOGGOLINO Club eine werbefreie und pädagogisch wertvolle Internetplattform mit Lern- und Onlinespielen gegründet (www.toggolino.de 2009).

Gegenstand der **Marktstimulierung** ist die Art und Weise der Marktbeeinflussung. Kunden lassen sich in Marken- und Preiskäufer einteilen, die mittels der Präferenzstrategie (Differenzierung über die Qualität) oder die Preis-Mengenstrategie (Differenzierung über den Preis) gezielt beeinflusst werden können.

Die **Präferenzstrategie** wird auch als Hochpreis- bzw. Markenartikelstrategie bezeichnet. Durch das Angebot qualitativ hochwertiger Produkte und Leistungen will sich das Rundfunkunternehmen von anderen Wettbewerbern abheben und eine besondere Stellung bei den Rezipienten (Präferenz) einnehmen. Dazu muss den Kunden etwas Einzigartiges angeboten werden. In der Regel erfolgt der Aufbau von Präferenzen über die Qualität der Produkte, welche ihren Ausdruck in der Produkt- und Programmgestaltung, der Präsentation und dem Design findet. Alle werbefinanzierten Rundfunkunternehmen verfolgen den Aufbau eines Markenkonzepts. Eine erfolgreiche Bildung und Positionierung der Marke führt zu höherer Aufmerksamkeit und einer positiven Einstellung der Rezipienten zum Sender, was sich letztendlich auf die Höhe der Werbeeinnahmen auswirkt.

Die **Preis-Mengenstrategie** ist auf die Zielgruppe der Preiskäufer ausgerichtet. Durch eine aggressive Preispolitik sollen preisbewusste Kunden an das Unternehmen gebunden und Wettbewerber verdrängt werden. Werbefinanzierte Rundfunkunternehmen verfolgen diese Strategie im Rezipientenmarkt generell nicht.

Die **Marktparzellierungsstrategie** legt fest, in welcher Art (Differenzierung der Marktbearbeitung) und in welchem Grad (Ausmaß der Marktbesetzung) der Markt bearbeitet werden soll. Die Grundlage für diese strategische Entscheidung bildet die Marktsegmentierung, mit deren Hilfe die Zielgruppen im strategischen Planungsfeld bestimmt werden. Es ist zwischen der Massenmarkt- und der Marktsegmentierungsstrategie zu unterscheiden.

Die **Massenmarktstrategie** beinhaltet das Angebot von standardisierten Massenprodukten für den „Durchschnittskonsumenten". Das Produktprogramm muss so gestaltet werden, dass es die Bedürfnisse und Erwartungen der Rezipienten befriedigt, die alle gemeinsam haben. Dadurch kann die größtmögliche Anzahl von Rezipienten erreicht und das größtmögliche Marktpotenzial ausgeschöpft werden. Vollprogrammanbieter, wie ProSieben oder RTL, verfolgen in der Primetime und an Wochenenden eine Massenmarktstrategie, um den Bedürfnissen aller Rezipienten nach Unterhaltung gerecht zu werden.

Die **Marktsegmentierungsstrategie** setzt auf die Befriedigung der speziellen Bedürfnisse einzelner Zielgruppen. Dazu wird der relevante Markt in Teilmärkte (Marktsegmente) aufgeteilt, die in sich homogen und nach außen hin heterogen sind. Jedes Marktsegment ist aufgrund der speziellen Bedürfnisstrukturen und Erwartungshaltungen mit einem eigenen Marketingmix zu bearbeiten. Wenn Rundfunkunternehmen bisher vorrangig auf die Massenmarktstrategie gesetzt haben, so wird sich mit der vollständigen Digitalisierung die Marktsegmentierungsstrategie als Standardstrategie durchsetzen. Zum Beispiel wurde der Spartensender Timm TV 2008 durch die Deutsche Fernsehwerke GmbH in den Markt für die Zielgruppe der Homosexuellen eingeführt. Der Sender ist digital über Kabel und Satellit zu empfangen (www.timmtv.de 2009).

Im Anschluss ist der Grad der Marktabdeckung für beide Strategieoptionen festzulegen. Der Umfang der Marktbearbeitung ist zu bestimmen, d. h. es muss entschieden werden ob jeweils der gesamte Markt (totale Marktabdeckung) oder aber nur ein Marktausschnitt (partiale Marktabdeckung) bearbeitet werden soll.

Marktarealstrategien zielen auf die räumliche Bestimmung des Markt- bzw. Absatzraumes eines Unternehmens im Spektrum zwischen nationalem und übernationalem Vorgehen. Sie beinhalten die räumliche Festlegung und Bearbeitung von Absatzgebieten, die meist im nationalen Rahmen ungeplant und erst mit Überschreiten der Landesgrenze gezielt geplant werden (vgl. Kapitel 3.3).

Unternehmen durchlaufen bei ihrem Wachstum mehrere Stufen der Marktabdeckung. Nationale Strategien umfassen die **lokale Marktabdeckung** (Bearbeitung des Heimatmarktes im Sinne des Unternehmensstandortes), die **regionale Marktabdeckung** (Bearbeitung eines Bundeslandes), die **überregionale Marktabdeckung** (Bearbeitung mehrerer Bundesländer) und die **nationale Marktabdeckung** (Bearbeitung des gesamten deutschen Marktes).

Fernsehfunkanbieter konzentrieren ihre Aktivitäten auf die nationale Ebene. Die Ursachen liegen in den stagnierenden regionalen Märkten, Streuverlusten bei Regionalisierung der Werbung und der nationalen Ubiquität zum Markenaufbau (Gläser 2008, S. 840). Viele Hörfunkanbieter arbeiten im regionalen und teilweise im überregionalen Raum, was der Verteilung der Sendefrequenzen und den Hörgewohnheiten geschuldet ist.

Überschreitet das Rundfunkunternehmen nationale Grenzen, so muss es übernationale Strategien nutzen. Dazu zählt die **multinationale Strategie**, welche die Bearbeitung eines und mehrerer Auslandsmärkte ohne größere Anpassungen des Marketingmix an die Landesspezifik beinhaltet. Wird das internationale Engagement erweitert und eine Anpassung an die jeweiligen Landesbesonderheiten bei der Bearbeitung eines oder mehrerer Auslandsmärkte vorgenommen, so spricht man von einer **internationalen Strategie**. Die höchste Stufe der internationalen Marktabdeckung ist die **Weltmarktstrategie**, bei der das Unternehmen weltumspannende Aktivitäten mit einem hohen Anteil ausländischer Gesamtinvestitionen realisiert. Diese Strategie wird bisher nicht von deutschen werbefinanzierten Rundfunkunternehmen verfolgt.

Neben den kundenorientierten Strategien bestehen weitere Denkmodelle für die Strategiewahl, wie z. B. die wettbewerbsorientierten Strategien nach Porter (1992, S. 62 ff.) oder übergreifende Strategien, die beispielsweise für strategische Partnerschaften geeignet sind (Fritz-/Oelsnitz 2006, S. 137 ff.).

Das Rundfunkunternehmen muss die ausgewählten Strategieoptionen hinsichtlich ihres Beitrages zur Erfüllung der festgeschriebenen Marketingziele evaluieren. Bei der **Strategiebewertung** sind alle im Verlauf des strategischen Planungsprozesses gesammelten Informationen zu prüfen. In einer Entscheidungsmatrix werden die ausgewählten Strategieoptionen unterschiedlichen Umweltzuständen gegenüber gestellt. Dadurch können die Folgen (Handlungsergebnisse), die durch eine Nutzung der einzelnen Strategieoptionen in unterschiedlichen Umfeldkonstellationen entstehen, analysiert werden. Die gewonnenen Ergebnisse werden hinsichtlich der Erreichung der festgelegten Marketingziele abschließend bewertet (Meffert et al. 2008, S. 323 ff.).

Im Ergebnis der Strategiebewertung entsteht ein **Strategiesystem**, in welchem die gewählten Strategieoptionen miteinander verknüpft werden. Das bedeutet, dass es für ein werbefinanziertes Rundfunkunternehmen nicht nur eine Marketingstrategie gibt. Es handelt sich immer um eine Strategiekombination. Sie bildet die optimale Grundlage für den sich anschließenden taktisch-operativen Einsatz der Marketinginstrumente. Das Strategiesystem erlaubt dem Rundfunkunternehmen eine Strukturierung des unternehmerischen Handelns in einem Strategiekanal. Der Strategiekanal - und damit die Steuerungsleistung der Strategien - ist am besten, wenn alle vier behandelten Strategieebenen berücksichtigt und miteinander kombiniert wurden.

Aufgaben

1. Worin besteht der Unterschied zwischen einer Marketingstrategie und einem Strategiesystem? Welche Prämissen müssen bei strategischen Entscheidungen beachtet werden?

2. Welche Bedeutung haben strategische Prämissen für die Strategiefindung?

3. Diskutieren Sie, welche strategischen Optionen für einen werbefinanzierten Radiosender bei den Marktfeldstrategien in Betracht kommen! Nutzen Sie dazu die Produkt-Markt-Matrix von Ansoff!

5. Worin besteht der Unterschied zwischen einer Marktstimulierungs- und einer Marktparzellierungsstrategie?

6. Diskutieren Sie die Vor- und Nachteile einer nationalen und einer multinationalen Marktabdeckung für einen Fernsehsender! Nennen Sie je ein Beispiel aus dem Fernsehbereich!

Literatur

Ansoff, H. I.: Management-Strategie, München 1966

Becker, J.: Marketingkonzeption. Grundlagen des ziel-strategischen und operativen Marketing-Managements, 8., vollst. überarb. u. erw. Aufl., München 2006

Gläser, M.: Medienmanagement, München 2008

Fritz, W./Oelsnitz, D. von: Marketing. Elemente marktorientierter Unternehmensführung, 4. überarb. u. erw. Aufl., Stuttgart 2006

Meffert, H./Burmann, C./Kirchgeorg, M.: Marketing. Grundlagen marktorientierter Unternehmensführung. Konzepte – Instrumente - Praxisbeispiele, 10., vollst. überarb. u. erw. Aufl., Wiesbaden 2008

Porter, M. E.: Wettbewerbsstrategie, 7. Aufl., Frankfurt/M. 1992

Links

www.timmtv.de : Spartensender

www.toggolino.de: Internetplattform für Kinder

Modul IV: Marketinginstrumente

Die Marketinginstrumente sind Gegenstand des operativen Marketing in werbefinanzierten Rundfunkunternehmen. Sie sorgen für die Umsetzung der festgelegten Ziele und Strategien. Aus diesem Grund werden im vierten Modul ausführlich die Instrumente Leistungs-, Preis-, Kommunikations- und Distributionspolitik für beide Absatzmärkte des Rundfunkunternehmens vorgestellt. Sie bilden in ihrer Kombination den Marketing-Mix, der im Rezipienten- und im Werbemarkt differenziert zu gestalten ist.

Die Lesenden erlangen durch die Beschäftigung mit dem Inhalt des vierten Moduls Kenntnisse zu folgenden Punkten:

- Begriffe der Leistungspolitik und produktpolitische Instrumente,
- vertikale und horizontale Programmierungstechniken,
- werbemarktbezogene Leistungen und die Auswirkungen des Umfelds auf die Effektivität der Werbung,
- Besonderheiten, Verfahren und praktische Aspekte der Preisbestimmung und Konditionengestaltung im Werbemarkt,
- rezipientengerichtete Kommunikationsinstrumente
- werbemarktgerichtete Werbung und Verkaufsförderung,
- Absatzwege beim Vertrieb von Werberaumleistung,
- Übertragungskanäle für Rundfundsendungen.

8 Leistungspolitik im Rezipientenmarkt

Die auf den Rezipientenmarkt bezogene **Produkt- und Programmpolitik** eines werbefinanzierten Rundfunkunternehmens umfasst alle Entscheidungen hinsichtlich der rezipientengerechten Gestaltung des Leistungsprogramms, weshalb sie auch Leistungspolitik genannt wird. Ausgehend von den Bedürfnissen der Rezipienten, die dauerhaft befriedigt werden sollen, ist langfristig die Realisierung der Unternehmensziele sicherzustellen. Entscheidungen im Rahmen der Produkt- und Programmpolitik liefern die Vorgaben für alle anderen absatzpolitischen Instrumente. Aus diesem Grund bildet die Leistungspolitik den Kern oder das Herz des rezipientengerichteten Marketing.

8.1 Produkte und Produktprogramm

Die **Produkte** der werbefinanzierten Rundfunksender im Rezipientenmarkt stellen die einzelnen Sendungen dar. Diese zeichnen sich durch unterschiedliche Inhalte, Längen und Funktionen aus. Die zusammengestellten Produkte bilden das **Produktprogramm** des Rundfunksenders. Es wird im Rahmen eines Programmschemas in einem nahezu gleichbleibenden Tages- und Wochenablauf gesendet. Für einen werbefinanzierten Rundfunksender besteht das **Ziel der Produktpolitik** im Rezipientenmarkt in der optimalen Positionierung der Sendungen in der Wahrnehmung der Rezipienten.

Rundfunkprogramme setzen sich aus unterschiedlichen Teilleistungen zusammen. Das führt zu einer erschwerten und kontextabhängigen Abgrenzung zwischen Produkt und Programm (Wirtz 2006, S. 98 f.).

Grundsätzlich ist ein **Produkt**, „„…was einem Markt angeboten werden kann, um es zu betrachten, …zu erwerben … und somit einen Wunsch oder ein Bedürfnis zu erfüllen" (Kotler et al. 2007, S. 492). Dabei lassen sich fünf Konzeptionsebenen unterscheiden (in Anlehnung an Kotler et al. 2007, S. 493 ff.):

Der **Kernnutzen** entspricht dem eigentlichen Produktnutzen. Radio- und Fernsehprogramme dienen zur Information und Unterhaltung, strukturieren den Tag oder sorgen für Geselligkeit und Zeitvertreib. Dieser Kernnutzen wird eingebettet in die Grundversion des Produkts, das **generische Produkt**, z. B. eine Nachrichtensendung. Auf der dritten Konzeptionsebene ergibt sich das **erwartete Produkt**, wenn z. B. diese Nachrichtensendung das Bündel an Eigenschaften und Rahmenbedingungen enthält, welches der Rezipient erwartet. Die Anforderungen an eine Nachrichtensendung könnten sich auf den Sendezeitpunkt, die Länge, aber auch die Aufmachung und die Qualität der Informationen beziehen.

Ein **augmentiertes Produkt** entsteht, wenn sich das Produkt des Senders von den Angeboten der Wettbewerber unterscheidet. Das Angebot von kauf- bzw. nutzungsbezogenen **Dienstleistungen** ermöglicht es dem Rundfunksender, sich von anderen Sendern und deren Produkten zu differenzieren. Rundfunkunternehmen bieten Sekundärdienstleistungen, indem sie z. B. Informationen bereitstellen, welche die Nutzung ihrer Angebote unterstützen. So stellen sie

Informationen im Videotext oder auf den Websites des Unternehmens zur (Wirtz 2006, S. 108).

Derartige Zusatznutzen entwickeln sich fortlaufend zu erwarteten Nutzen, oder Wettbewerber kopieren die Angebote. Deshalb ist es für die Rundfunkunternehmen sinnvoll, auf der fünften Konzeptionsebene das **potenzielle Produkt** zu betrachten. Es umfasst Produktverbesserungen, die auch zukünftig zur Differenzierung von der Konkurrenz beitragen und dem Rezipienten einen Nutzen stiften, wie z. B. Angebote zur zeitversetzten Rezeption.

Die Aktionsparameter der Leistungspolitik werbefinanzierter Rundfunksender finden sich in der Gestaltung des Leistungskerns, der angebotenen Dienstleistungen und der Markenpolitik.

Der Produkt- bzw. **Leistungskern** steht in engem Zusammenhang mit dem Kernnutzen der Produkte des Rundfunkunternehmens. Er wird durch deren grundlegende Eigenschaften bestimmt. Für die Rezipienten entspricht der Leistungskern vorrangig den angebotenen Inhalten. Die grundlegende inhaltliche Gestaltung des Sendeprogramms ergibt sich aus der programmpolitischen Grundorientierung, welche sich aus der Markt- bzw. Geschäftsfelddefinition des Senders ableitet (Wirtz 2006, S. 104).

Diese Grundorientierung widerspiegelt sich im **Format** der Sendungen. Der Begriff „Format" stammt ursprünglich aus dem Hörfunkbereich. Hier wurde das Prinzip des Formats sowie die Formatierung von Programmstrukturen zuerst beobachtet. Später erfolgte die Weiterentwicklung von Radio-Formaten, wie z. B. Talkshows, Daily Soaps oder Gameshows, für das Fernsehen. Eine einheitliche Definition für den Formatbegriff existiert bislang nicht. Er dient aber als grundlegende Beschreibung der Produkte der Sender.

Ursprünglich wurden im TV-Bereich nur fiktionale und nonfiktionale Formate unterschieden. Während **fiktionale Formate** auf frei erfundenen Handlungen basieren, dienen **nonfiktionale Formate** der Abbildung der Wirklichkeit und vermeiden Verfälschungen. Heute ist diese Unterscheidung oft nicht eindeutig zu treffen, da die beiden Formate zunehmend vermischt werden (Karstens/Schütte 2005, S. 150 f.).

Gegenwärtig beschreiben Formate im Fernsehbereich meist serielle Produktionen. Der Begriff wird aber auch für das Erscheinungsbild einer Sendung eingesetzt (Koch-Gombert 2005, S. 27 f.). So ist „Wer wird Millionär?" eines der bekanntesten Quiz-Show-Formate.

Beim Einsatz von Lizenzprogrammen, die vorrangig aus den USA bezogen werden, findet im **Fernsehen** synonym zum Format der Begriff der **Programmgattung** Verwendung. Die wichtigsten Gattungen von Lizenzprogrammen sind die folgenden (Karstens/Schütte 2005, S. 209 f.):

Kinofilme (Theatrical Movies, Feature Films) versprechen hohe Einschaltquoten, werden aber frühestens drei Jahre nach Abschluss der Produktion den TV-Sendern im Free-TV zur Verfügung gestellt. **TV-Movies** sind direkt für das Fernsehen produziert und somit wesentlich kostengünstiger als Kinofilme. Zu ihnen zählen folgende Unterkategorien: **Mini Series** (zwei bis vier Episoden in Spielfilmlänge), **Serien** (13 bis 22 Folgen pro Staffel bzw. 130 bis 250 Episoden pro Saison bei täglicher Sendung) und **Drama-Series** (Stundenserien aller Genres wie „Sex and the City" oder „Raumschiff Enterprise").

Tabelle 1: Preise unterschiedlicher Lizenzgattungen bei Erstverwertung und 3 bis 5 Ausstrahlungen in 3 bis 5 Jahren (Karstens/Schütte 2005, S. 205)

Gattung	Preis
Kinospielfilm	300.000 - 3.000.000 $
TV-Movie	200.000 - 350.000 $
Serie (1 h)	90.000 - 175.000 $
Sitcom ($^1/_2$ h)	30.000 - 55.000 $
Dokumentation (1 h)	20.000 - 35.000 $
Kinderprogramm ($^1/_2$ h)	8.000 - 15.000 $

Daily-Soaps sind einfachere und billigere Produktionen, die im Stunden- oder Halbstundenformat vorrangig am Nachmittag oder Vorabend ausgestrahlt werden.

Sitcoms umfassen halbstündige Produktionen, die komplett im Studio oder auf einfachen Sets gedreht wurden. In ihrem Hintergrund stehen oft landesspezifische Milieus und Lebensstile, die nicht zwingend auf Deutschland übertragbar sind und hier eventuell keinen Anklang finden.

Dokumentationen und **Reportagen** werden nur in geringem Umfang als Lizenzen gehandelt. Meist erschweren kulturelle Unterschiede die Nachnutzung in anderen Ländern.

Abhängig von den Produktionskosten und der zu erwartenden Zu-
schauerresonanz unterscheiden sich die Preise für die Fernsehlizen-
zen zwischen den einzelnen Gattungen (Tabelle 1).
Im **Hörfunk** beschreibt das Format die Hauptbestandteile des Programms (Musik, Moderation, Sound-Layout, News, Service). Die
Grenzen zwischen den unterschiedlichen Formaten sind allerdings
fließend (Wirtz 2006, S. 440). Neben Musikformaten (Tabelle 2) existieren noch andere, eher unbedeutende, Spartenformate wie Info-
Radios.

Tabelle 2: Die wichtigsten Musikformate im Radio (www.ass-radio.de)

Musikformat	Ziel-gruppe	Musikstil	Wort-beiträge	Werbeanteil
Adult Con-temporary (AC):	25-49	aktueller, leichter Rock/Pop	kurz, positiv, service-orientiert	++
Album Oriented Rock (AOR):	18-45 (männl.)	breites Rock-spektrum	zweitrangig	++
Contempo-rary Hit Radio (CHR):	14-29	Top-Hits mit häufiger Wieder-holung	wenig, kurz, witzig	+++
Middle of the Road (MOR):	35-55	ruhiger, melodiöser Pop	wesentlich	+
Urban Con-temporary (UC):	18-34	rhythmus-orientierte Blackmusic	gering	++

Die Gestaltung des Leistungskerns der Produkte richtet sich vorrangig an den Bedürfnissen der Rezipienten aus. Sie wird durch den Anteil an eingesetzten Eigen- bzw. Fremdproduktionen geprägt. Dabei
sind sowohl journalistische als auch wirtschaftliche Aspekte zu beachten, die oft in konkurrierendem Verhältnis zueinander stehen.
Veränderte Rahmenbedingungen und sich wandelnde Bedürfnisse
der Rezipienten erfordern eine ständige Überprüfung und Anpassung
der Leistungspolitik. Die Umsetzung der daraus resultierenden Ent-

scheidungen erfolgt unter Nutzung der in Abbildung 1 dargestellten **produktpolitischen Instrumente.**

Eine **Produktinnovation** ist ein neuartiges Produkt, welches von einem Rundfunkunternehmen erstmalig an den Markt gebracht wird oder im Unternehmen eingeführt wird. „Star Search" lief 1983 erstmalig in den USA. Eine Casting-Show, in der eine Jury bzw. das Publikum über den Erfolg verschiedener Kandidaten entscheiden, stellte ein **völlig neues Produkt** (echte Innovation) für den Fernsehmarkt dar. „Popstars" startete im Jahr 2000 als ein für RTL2 neues Format, dessen Lizenz aus Neuseeland gekauft wurde. Aufgrund des Erfolgs der Sendung folgten „Deutschland sucht den Superstar" 2002 auf RTL (Lizenz von „Pop Idol", GB) und „Star Search" 2003 auf Sat.1 (Lizenz von „Star Search", USA). Beide Sendungen waren **für das Unternehmen neue Produkte**, sie wurden **von anderen Unternehmen übernommen**. Bezogen auf den deutschen Fernsehmarkt, handelt es sich aber auch um **Me-too-Formate,** die an den Erfolg von „Popstars" anknüpfen wollten und in der Wahrnehmung der Rezipienten weitere Marken zu einem bereits bestehenden Format darstellen. Zwischenzeitlich wurde das Format Castingshow oft **quasi neu** erfunden, indem das bestehende Format den Bedürfnissen der Zuschauer besser angepasst wurde. VOX sucht in dokumentierten Wettbewerben Praktikanten („Der Starprakatikant") und Friseure („Top Cut"), mit denen sich die Zuschauer gut identifizieren können.

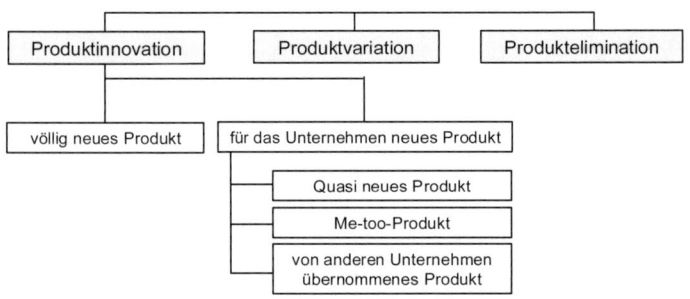

Abbildung 1: Produktpolitische Instrumente (Weis 2007, S. 173)

Eine **Produktvariation** beschreibt die bewusste Veränderung von Eigenschaften und Nutzenkomponenten eines angebotenen Produkts. Die Variation des Produktes kann den Lebenszyklus eines Formats verlängern.

Die Herausnahme eines Produktes aus dem Leistungsprogramm eines Rundfunkunternehmens bezeichnet man als **Produktelimination**. Sendungen, wie „Dr. Molly und Karl" auf Sat.1, die nicht den gewünschten Erfolg zeigen, werden aus dem Programm des Rundfunksenders gestrichen.

8.2 Medienmarken

Die Leistungspolitik eines werbefinanzierten Rundfunkunternehmens umfasst einerseits **Markenpolitik im weiteren Sinne**, die sich mit der Markierung der Produkte (Name, Symbol, Zeichen) beschäftigt. Andererseits schließt sie auch Entscheidungen der **Markenpolitik im engeren Sinne** ein, welche den Aufbau und die Pflege der Angebote als Markenartikel beinhalten (Bruhn 2008, S. 145).

Eine **Marke** definiert man allgemein als rechtlich geschütztes Zeichen zur Unterscheidung von Produkten. Es existieren viele Begriffsabgrenzungen, die anhand unterschiedlicher Kriterien vorgenommen werden (Sattler/Völckner 2007, S. 39 f.):

-   Verkehrsgeltung: Sonderstellung der Marke auf dem Markt,
-   zeitlich bleibende Qualität: vorrangig die durch den Nachfrager subjektiv wahrgenommene Qualität,
-   Ubiquität: die Marke ist überall erhältlich.

Die **Markenpolitik** eines werbefinanzierten Rundfunkunternehmens knüpft vor allem an den zweiten Aspekt an. Ein **Markenprodukt** ist ein Versprechen an den Rezipienten. Es steht für das Angebot der nutzungsrelevanten Leistungen in gleichbleibender Qualität (Bruhn 2008, S. 145). Da der Rezipient die Qualität der Sendung vor (oder auch nach) der Rezeption nicht ausreichend prüfen und somit nicht einschätzen kann, dienen Marken dazu, bestimmte Produkteigenschaften, die Qualität und die Persönlichkeit des Produktes zu kommunizieren. Sie erleichtern dem Zuschauer bzw. Hörer die Entscheidung für eine Sendung. Von einer Marke geht eine Signalwirkung aus, die helfen kann, Entscheidungsunsicherheiten zu reduzieren und die Bindung an den Sender zu festigen. Sie hilft somit, den Umfang und die Zusammensetzung des Rezipientenstammes (Reichweite) zu stabilisieren und eine eindeutige Positionierung zu schaffen (Wirtz 2006, S. 106). Das Ziel der Markierung von Rundfunkprodukten be-

steht darin, die Aufmerksamkeit auf die Produkte zu lenken und sie von anderen Angeboten auf dem Markt abzuheben.
Die Etablierung einer Marke erfordert einen erheblichen kommunikationspolitischen Aufwand. Dabei kann ein Rundfunkunternehmen zwischen folgenden **Markenstrategien** wählen (Homburg/Krohmer 2006, S. 183 ff.):

Einzelmarkenstrategie: Für jedes Angebot des Rundfunksenders wird eine eigene Marke angeboten. Der Sendername tritt in den Hintergrund. Diese Strategie ermöglicht es, für jede Sendung ein eigenes Profil zu schaffen. Auf diese Weise können unterschiedliche, klar abgrenzbare Zielgruppen angesprochen werden. Der Erfolg oder Misserfolg unterschiedlicher Sendungen strahlt nicht auf andere Sendungen aus. Einzelmarkenstrategien empfehlen sich für Rundfunksender, die ein breites Angebot an verschiedenartigen Sendungen haben und an unterschiedliche Zielgruppen gerichtet sind.

Familienmarkenstrategie: Hier wird für eine bestimmte Gruppe von Sendungen eine einheitliche Marke gewählt. Diese Strategie bietet sich nur an, wenn Sendungen identische Nutzenversprechen liefern und an die gleiche Zielgruppe gerichtet sind. Sat.1 bietet unter der Marke „ran" sowohl die Übertragung der UEFA Champions League als auch der UEFA Europa League an.

Dachmarkenstrategien: Alle Sendungen eines Rundfunkunternehmens werden unter einer Marke angeboten. Eine bestehende Marke erleichtert die Einführung eines neuen Angebots, da bei den Rezipienten bereits Goodwill besteht. Diese Strategie findet sich vor allem im Hörfunkbereich. Dort werden alle Sendungen akustisch mit dem Jingle bzw. der Station-ID markiert. Die Gefahr dieser Strategie besteht in der möglichen negativen Ausstrahlung einzelner Sendungen auf das gesamte Angebot.

Im Rundfunkbereich werden die unterschiedlichen Markenstrategien auch miteinander kombiniert. So existieren einzelne Marken, wie „TV-total", auf ProSieben. Diese Sendung steht aber auch in einem direkten Bezug zu weiteren Angeboten, wie z. B. „Schlag den Raab", „Bundesvision Song Contest" oder „Wok WM", so dass Ähnlichkeit zu einer Familienmarke besteht. Darüber hinaus werden alle Sendungen mit dem ProSieben-Logo markiert und profitieren, so wie bei der Dachmarkenstrategie, von dem Image des Senders als Unterhaltungssender.

8.3 Leistungsprogramm und Programmschema

Im Rahmen der Produkt- und Programmpolitik sind sowohl Entscheidungen über die Gestaltung einzelner Produkte als auch des gesamten Leistungsprogramms zu treffen. Das **Produktprogramm** besteht aus der Gesamtheit aller Produkte, die das Rundfunkunternehmen anbietet. Das Ziel besteht darin, unterschiedliche Produkte zu einer in den Augen der Zuschauer und Hörer attraktiven Gesamtheit zusammenzustellen.

Die Entscheidungen im Rahmen der Programmpolitik legen die Struktur und den Umfang des Angebots eines Rundfunksenders fest. Das Programm eines Radio- oder Fernsehsenders besteht aus der Zusammenstellung unterschiedlicher Beiträge. Die **Programmbreite** steht für die inhaltliche Vielfalt des Angebots. Eine große Programmbreite gab es früher im Hörfunk in Form von Vollprogrammen, deren Angebot sich an die ganze Familie richtete. Gesendet wurde alles von Pop bis Klassik, Polit- und Kulturbeiträgen, aktuellen Berichten, Kindersendungen, Ratgebern sowie Gottesdiensten. Das letzte Vollprogramm von Radio Brandenburg, der Landeswelle des ORB, wurde 1997 eingestellt (Böckelmann 2006, S. 111).

Im Fernsehen existieren Sender unterschiedlicher Programmbreite. Neben nationalen und regionalen Vollprogrammen gibt es Spartensender für die Bereiche News, Sport, Kinder, Dokumentation, Spielfilm, Musik und Shopping.

Die **Programmtiefe** beschreibt die Anzahl gleichartiger Produkte innerhalb einer Programmgattung. Eine große Programmtiefe findet man im **Hörfunk** bei Spartensendern, die ihr Programm auf eine bestimmte Musikrichtung (z. B. klassische Musik) ausgerichtet haben. Während es bei der Programmbreite um die inhaltliche Vielfalt des Programms geht, richten sich Entscheidungen zur Programmtiefe auf die Zahl der Produkte innerhalb einer inhaltlichen Programmlinie bzw. -gattung (Wirtz 2006, S. 104).

Strategische Vorgaben bestimmen die Ausrichtung des Senders als **Vollprogramm** (breit, flach) oder als **Spartenprogramm** (schmal, tief). Ein breites Programm zeichnet sich durch viele unterschiedliche Programmgattungen aus. Es werden verschiedene Ressorts und Themen bedient. Ein schmales Programm verfügt demgegenüber nur über wenige Programmgattungen. Ein tiefes Programm liefert für unterschiedliche Programmgattungen zahlreiche Qualitäten und

Ausführungen, wogegen ein flaches Programm je Programmgattung nur wenige Varianten hat.

Spartenkanäle verfügen meist über ein treues und interessiertes Publikum. Doch auch deren Aufmerksamkeit müssen sie sich mit den Vollprogrammen teilen. Spartensender sichern sich das Interesse ihres Publikums durch relativ viele Wiederholungen bzw. Programmschleifen, welche einerseits als Service gedacht sind, andererseits aber auch ökonomische Hintergründe haben (Karstens/Schütte 2005, S. 132).

Das **TV-Programmschema** enthält eine tabellarische Übersicht aller Sendungen eines Kanals innerhalb einer typischen Durchschnittswoche. In den Spalten sind die Tage und in den Zeilen die unterschiedlichen Sendezeiten angeordnet, so dass die Programmstruktur des Senders übersichtlich dargestellt wird. Das Programmschema muss gewährleisten, dass ein Sender wiedererkannt und wiedergefunden wird.

Im Programmschema spiegeln sich sowohl die Programmphilosophie als auch die wettbewerbspolitischen Ziele des Senders wider, so dass es als direktes Wettbewerbsinstrument dient. Es zeigt, was der Zuschauer zu erwarten hat, ob und wie viele Zuschauer mehrere Sendungen hintereinander schauen und ob zur richtigen Zeit Angebote für die richtige Zielgruppe gemacht werden. Darüber hinaus dient es dem Zuschauer als Orientierung. Eine geschickte **Programmierung** kann dazu beitragen, bei gleichbleibenden Inhalten den Marktanteil zu erhöhen. Innerhalb des digitalen Multikanalangebots wird das Programmschema als EPG (Electronic Programm Guide) direkt für den Rezipienten benutzbar gemacht, um die Vielfalt der angebotenen Programme zu durchschauen.

Im **Tagesablauf des Fernsehens** gibt es die in Tabelle 3 dargestellten **Zeitzonen**, die nachfolgend kurz beschrieben werden (in Anlehnung an Eick 2007, S. 82 ff.). Zeitzonen müssen Sendungen für unterschiedliche Zuschauer und deren verschiedenartige Bedürfnisse enthalten. Dementsprechend wechseln sich die angebotenen Formate im Tagesverlauf ab.

Während am **Early Morning** ein Mix aus kurzen, leicht konsumierbaren Blöcken angeboten wird, die zur Information und Unterhaltung dienen, muss das Angebot in der **Daytime** oft den Anforderungen eines „Nebenbei"-Mediums für breit gefächerte Zuschaugruppen genügen. Aus diesem Grund werden in dieser Zeit Formate wie Talkshows, Telenovelas oder Daily Soaps ausgestrahlt.

Tabelle 3: Zeitzonen des Fernsehtages (Eick 2007, S. 82 ff.)

Zone	Zeit	Zuschauergruppen
Early Morning	7-10 Uhr	Erwachsene vor der Arbeit; Kinder
Daytime	6-17 Uhr	alle, die nicht arbeiten gehen
Access Prime-time	17-20 Uhr	Erwachsene nach der Arbeit; Kinder und Jugendliche
Prime Time	20-23 Uhr	Mehrheit der Gesamtbevölkerung
Late Night	23-0.30 Uhr	sinkende Zuschauerzahlen
Over Night	0.30-7 Uhr	wenige Nichtschläfer

In der **Access Prime Time** dient das Fernsehen vor allem der Information, Orientierung und Entspannung. Es werden Magazine, Nachrichten und Soaps angeboten. Das gewohnheitsmäßige Sehen von Daily Soaps ist für die Sender von großer Bedeutung. Sie hoffen, dass die Zuschauer, die sich an dieser Stelle für den Sender entschieden haben, ihnen auch in der Prime Time erhalten bleiben.

Die abendliche **Prime Time** ist eine besondere Zeit, mit der die Zuschauer hohe Ansprüche verknüpfen. Die Angebote der Sender sind in dieser Zeit entsprechend hoch. In der Prime Time werden die meisten Zuschauer des Tages generiert. RTL erreicht mit „Dr. House" in der Prime Time am Dienstag regelmäßig große Zuschaueranteile, wie z. B. 5,44 Millionen Zuschauer 22. 04. 2008.

Das Angebot in der **Late Night** wechselt wieder zu kürzeren Angeboten. Informationen oder kurze Sitcoms und Serien dominieren das Programm. **Over Night** zeigen die meisten Fernsehsender Wiederholungen aus der Prime Time oder billigere Spielfilme. Einerseits bestimmen hier ökonomische Überlegungen das Angebot, andererseits ist die Zahl der zu erreichenden Zuschauer vernachlässigbar gering.

Im **Hörfunkbereich** wird der Rahmen für die programmpolitischen Entscheidungen durch die Stundenuhr vorgegeben. Sie bestimmt die zeitliche Vorstrukturierung des Programms, indem sekunden- bzw. minutengenau der Programmablauf einer Stunde festgeschrieben wird.

Die rezipientenbezogenen Funktionen der Stundenuhr liegen in der Unterstützung der Formatbildung (das Programm wird als Marke für die Hörer erkennbar) und sie erleichtert dem Hörer das Zurechtfinden im Programm (Heinrich 1999, S. 441).

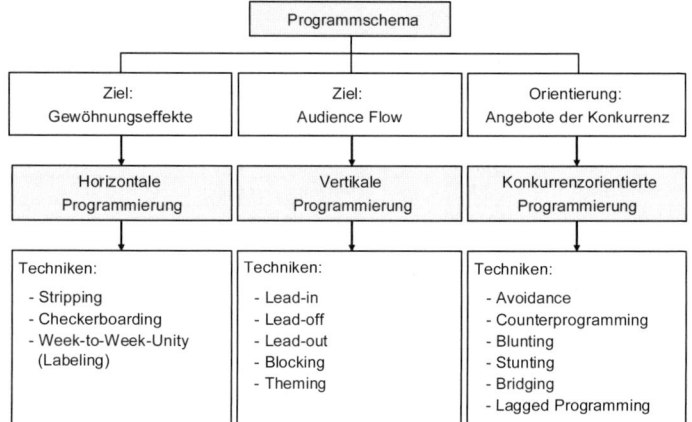

Abbildung 2: Ausgewählte Techniken der Programmplanung (in Anlehnung an: Holtmann 1999, S. 84 ff.)

Die Gestaltung der Programmstruktur trägt wesentlich zur Etablierung des Programms als Marke bei. Sie unterstützt die Abgrenzung gegenüber der Konkurrenz und erleichtert dem Rezipienten die Wahl zwischen den unterschiedlichen Angeboten.

Für die konkrete **Planung des Programmschemas** kommen (vor allem bei TV-Sendern) verschiedene Techniken zum Einsatz (Abbildung 2). Sie sind kontextabhängig und können sowohl positive als auch negative Konsequenzen nach sich ziehen.

Abhängig vom Ziel, das die Programmierung des Programmschemas verfolgt, wird auf Techniken der horizontalen, vertikalen oder konkurrenzorientierten Programmierung zurückgegriffen.

Horizontale Programmierung setzt auf den Gewöhnungs- und Lerneffekt beim Rezipienten. Beim **Stripping** lehnt sich das Programm an den alltäglichen, nahezu gleichen Tagesablauf der Zuschauer an. Es werden kleinteilige Sendeformate wie „Richterin Barbara Salesch" eingesetzt, von denen man nicht zwingend jeden Teil sehen muss. Da es besonders in der Zeit vor 20.15 Uhr und nach 23.00 Uhr darum geht, die Zuschauer an „ihre" tägliche Sendung zu gewöhnen, ist es nicht einfach, neue Sendungen in dieser Zeitspanne zu etablieren. Stripping ist als Instrument zur Einführung von Sendungen zur Primetime im Vollprogramm ungeeignet (Karstens-/Schütte 2005, S. 134).

Beim **Checkerboarding** werden zwei oder mehr unterschiedliche Sendungen an verschiedenen Wochentagen auf dem gleichen Sendeplatz untergebracht. Das Ziel besteht darin, dem Zuschauer, der gewohnheitsmäßig zu dieser Zeit fernsieht, ein abwechslungsreiches Angebot zu unterbreiten.

Die Zusammenfassung einzelner Sendungen aus einem ähnlichen Themengebiet an verschiedenen Tagen zu einer künstlichen Sendereihe beschreibt das (horizontale) **Labeling**. Der Einsatz dieser Technik in der horizontalen Programmierung lässt im Programm von Woche zu Woche eine Kontinuität entstehen. Das eingesetzte Label dient als verbindendes Element und kann effizient beworben werden.

Die meisten Rezipienten von Rundfunkangeboten zeigen kein konstantes Nutzungsverhalten. Insbesondere beim Fernsehen wird häufig zwischen den unterschiedlichen Sendern gewechselt. Durch eine attraktive Ansprache des Publikums versuchen die Sender, die Zuschauer und Hörer möglichst lange im eigenen Programm zu halten.

Die **vertikale Programmstruktur**, d. h. die zeitliche Abfolge der einzelnen Programminhalte ist so zu gestalten, dass sich einzelne aufeinander folgende Sendungen inhaltlich miteinander verbinden. Vertikale Programmierung trägt nur dann zu Rezipientenbindung bei, wenn die darauffolgenden Sendungen die gleiche Zielgruppe ansprechen (Wirtz 2006, S. 388 ff.).

Die **vertikale Programmierung** dient der Weiterleitung der Rezipienten von einer Sendung zur anderen - dem Audience Flow - innerhalb eines Programmtages. Zuschauer sollen gewonnen und am Umschalten gehindert werden. Eine stimmige vertikale Programmstruktur kann den Erfolg einzelner Sendungen oder eines ganzen Sendetages maßgebend beeinflussen.

Abbildung 3 liefert einen Überblick über die wichtigsten vertikalen Programmierungstechniken, die darauf abzielen, die Zuschauer von einer Sendung auf die nachfolgende weiterzureichen.

Audience Flow kann auch erreicht werden, indem mehrere Angebote des gleichen Genres (z. B. Mystery-Abend), zum gleichen Thema (z. B. Vulkane) oder für die gleiche Zielgruppenstruktur (z. B. junge Frauen) hintereinander gesendet werden. Außerdem kann für die

Einführung neuer Sendungen auf folgende Techniken der vertikalen Programmierung zurückgegriffen werden (Karstens/Schütte 2005, S. 136 ff.; Holtmann 1999 S. 101 ff.):

Hammocking (Hängemattentaktik): schwächere Sendungen werden von stärkeren eingerahmt,

Sandwiching: schwächere Sendungen umrahmen eine starke Sendung, so dass man das Beste in der Mitte findet,

Labeling: Sendeplätze oder feste Sendekombination so gestalten, dass sie leicht wiederzuerkennen sind, z. B. „Crime-Time".

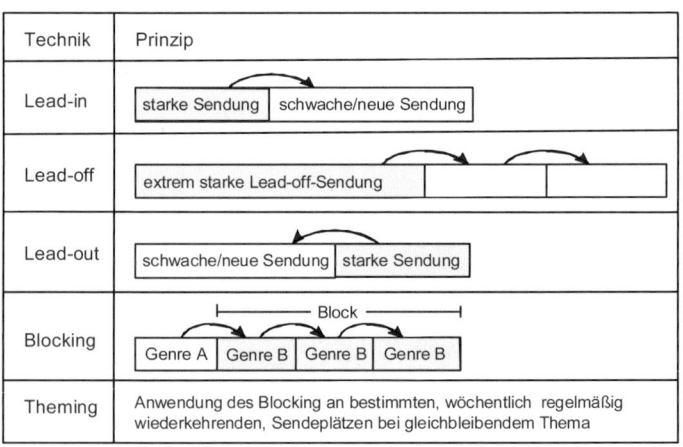

Abbildung 3: Vertikale Programmierungstechniken (in Anlehnung an Holtmann 1999, S. 93 ff.)

Werbefinanzierte Rundfunkunternehmen sind gezwungen, ständig die Angebote der Konkurrenz zu beobachten, deren Wirkung auf das eigene Programm einzuschätzen und sich über eine **konkurrenzorientierte Programmierung** des Programms darauf einzustellen. Grundsätzlich kann ein Sender die in Abbildung 2 dargestellten Techniken nutzen, um sich der Konkurrenz offensiv oder defensiv gegenüber zu positionieren (Holtmann 1999, S. 127 ff.).

Bei der **Avoidance** Technik geht der Sender ganz bewusst einem starken Konkurrenzprogramm aus dem Weg und vermeidet somit, dass der Zuschauer sich zwischen mehreren starken Programmen entscheiden muss. So führte die Ausstrahlung von „Wetten, dass?"

jahrelang dazu, dass auf anderen Fernsehkanälen zu dieser Sendezeit keine Programme in echter Konkurrenz liefen.

Mit **Counterprogramming** versucht der Sender, sich als Kontrast zum Angebot der Konkurrenz zu positionieren. Auch hier wird die direkte Konkurrenz gemieden. Ein Wettbewerb um die Zuschauer mit demselben Geschmack wird gemieden. Dieses Vorgehen ist regelmäßig zu beobachten, wenn auf einem Fernsehkanal ein attraktives Fußballspiel läuft und Konkurrenzsender für „Nicht-Fußballgucker" Programmangebote unterbreiten.

Eine gegensätzliche Technik besteht im **Blunting**. Sie zielt darauf ab, in die direkte Konkurrenz zum Programm des anderen Senders zu treten. Mit der Programmierung von „Deutschland sucht den Superstar" auf die Sendezeit von „Wetten, dass?" trat RTL mit einem starken Showformat in die direkte Konkurrenz zum ZDF-Angebot.

Auch durch **Stunting** versucht man direkt, den Erfolg konkurrierender Sendungen zu beeinträchtigen, indem z. B. extra zu diesem Zweck ein erfolgreicher Kinofilm gekauft und in der betreffenden Zeit gesendet wird.

Bridging ist eine Technik, die unmittelbar den Audience Flow unterstützt. Zu allen Zeiten, an denen der Zuschauer die Gelegenheit hat umzuschalten bzw. im Konkurrenzprogramm attraktive Sendungen beginnen, werden Inhalte angeboten, die den Zuschauer besonders interessieren. So kann beispielweise der Beginn eines Spielfilms auf eine gewisse Zeit vor dem Start des konkurrierenden Angebots programmiert werden.

Das **Lagged Programming** bezieht sich auf einen verzögerten Sendungsbeginn. Werden Startzeitpunkte nur um fünf Minuten nach hinten verschoben, fallen sie (bereits in der Programmzeitschrift) aus dem direkten Vergleich zu einer bestimmten Uhrzeit heraus. Ziel dieser Technik ist es, alle Zuschauer aufzufangen, die innerhalb der ersten Minuten einer anderen Sendung umschalten.

Im Hörfunk findet sich eine ähnliche Variante. Hier werden z. B. Nachrichten fünf Minuten früher gesendet, während bei der Konkurrenz Werbung läuft.

Die zeitliche und inhaltliche Koordination des Rundfunkangebots zielt darauf ab, der angestrebten Zielgruppe zu jeder Zeit Angebote aus deren Interessenfeld bereitzustellen. Befinden sich verschiedene Sender in der Senderfamilie, so kann dieser Anspruch auch durch Sender unter sich gewährleistet werden.

Aufgaben

1. Erläutern Sie die konzeptionellen Ebenen, die sich bei der Beschreibung eines Produktes unterscheiden lassen?

2. Grenzen Sie fiktionale von nonfiktionalen Formaten ab!

3. Erläutern Sie die Gattungen von Lizenzprogrammen!

4. Welche produktpolitischen Instrumente kennen Sie? Finden Sie aktuelle Beispiele für den Einsatz der Instrumente bei der Gestaltung des Hörfunk- und Fernsehprogramms!

5. Erläutern Sie, ausgehend von der Definition einer Marke, die Bedeutung der Markenbildung für einen werbefinanzierten Rundfunksender!

6. Diskutieren Sie unterschiedliche Markenstrategien anhand aktueller Beispiele aus dem werbefinanzierten Rundfunk!

7. Erläutern Sie anhand der Programmtiefe und –breite die Unterschiede zwischen einem Voll- und einem Spartenprogramm!

8. In welche Zeitzonen unterteilt sich der Tagesablauf beim Fernsehen?

9. Welche Ziele werden mit der vertikalen und horizontalen Programmierung des TV-Programmes verfolgt? Erläutern Sie die unterschiedlichen Techniken, die dabei verwendet werden können!

Literatur

Böckelmann, F.: Hörfunk in Deutschland – Rahmenbedingungen und Wettbewerbssituation, Bestandsaufnahme, Berlin 2006

Bruhn, M.: Marketing – Grundlagen für Studium und Praxis, 9., überarb. Aufl., Wiesbaden 2008

Eick, D.: Programmplanung – Die Strategien deutscher TV-Sender, Konstanz 2007

Heinrich, J.: Medienökonomie, Wiesbaden 1999

Holtmann, K.: Programmplanung im werbefinanzierten Fernsehen, Köln 1999

Homburg, C./Krohmer, H.: Grundlagen des Marketingmanagements, Wiesbaden 2006

Karstens E./Schütte: Praxishandbuch Fernsehen, Wiesbaden 2005

Koch-Gomert, D.: Fernsehformate und Formatfernsehen: TV-Angebotsentwicklung in Deutschland zwischen Programmgeschichte und Marketingstrategie, München 2005

Kotler, P./Keller, K. L./Bliemel, F.: Marketing-Management – Strategien für ein wertschaffendes Handeln, 12., aktual. Aufl., München 2001

Sattler, H./Völckner, F.: Markenpolitik, 2., vollst. überarb. und erw. Aufl., Stuttgart 2007

Weis, H. C.: Marketing, 14. Aufl., Ludwigshafen 2007

Wirtz, B. W.: Medien- und Internetmanagement, 5., überarb. Aufl., Wiesbaden 2006

Links

www.ass-radio.de

9 Leistungspolitik im Werbemarkt

Die Produkt- und Programmpolitik (Leistungspolitik) ist einer der wichtigsten Bestandteile des Marketingmix. Sie beinhaltet alle Entscheidungen, die sich auf die Gestaltung der vom Rundfunkunternehmen im Werbemarkt anzubietenden Leistungen beziehen (in Anlehnung an Meffert et al. 2008, S. 397). Alle Maßnahmen, mit denen die Programm- und Werbezeitengestaltung an den Bedürfnissen der werbungtreibenden Wirtschaft ausgerichtet wird, gehören zur **Leistungspolitik im Werbemarkt**. Die angebotenen Werbezeiten sollen die Nachfrage der Werbungtreibenden nach Zielgruppenkontakten befriedigen.

Die Bedürfnisse der Werbekunden liegen vorrangig im Erreichen einer klar umrissenen Zielgruppe und hoher Reichweiten. Darauf aufbauend besteht die Aufgabe der werbemarktbezogenen Leistungspolitik darin, die angebotenen Werbeformen und Zusatzleistungen so zu gestalten, dass möglichst viele qualitativ hochwertige Kontakte zur angestrebten Zielgruppe erreicht und ggf. nachgewiesen werden. Das Leistungspaket des werbefinanzierten Rundfunksenders muss so gestaltet sein, dass es von der werbungtreibenden Wirtschaft nachgefragt wird.

Hinsichtlich der Werbekunden kann ein Rundfunkunternehmen sowohl ökonomische als auch psychografische Ziele verfolgen. Bei ersteren handelt es sich um Ziele, die sich z. B. auf die Auslastung der Kapazitäten, die Qualitätssicherung und die Marktstellung beziehen, während die letzteren u. a. die Schaffung eines Images oder bestimmte Einstellungen verfolgen.

9.1 Produkt- und Markenpolitik

Die auf dem Werbemarkt angebotenen **Produkte** des werbefinanzierten Rundfunkunternehmens sind die unterschiedlichen Arten von Werberaumleistungen, z. B. Spotwerbung oder Split Screens.

Den rechtlichen Rahmen für Werbung im Rundfunk bildet der **Rundfunkstaatsvertrag** (RStV), welcher durch die Werberichtlinien für Fernsehen bzw. Hörfunk ergänzt wird. Er unterscheidet grundlegend zwischen (RStV 2008):

-   Spotwerbung (Werbefilme kürzer als 90 sec),
-   Dauerwerbesendungen (Werbefilme länger als 90 sec),

- Teleshopping (Werbesendungen, die zum sofortigen Kauf bzw. zur Bestellung ermuntern),
- Sponsoring (Werbekunde unterstützt die Sendung und kann erwähnt werden).

Die **Werberichtlinien** erweitern diese Kategorien, um aktuelle Entwicklungen (Split Screens) zu berücksichtigen. Für den werbefinanzierten Fernsehsender ergeben sich die in Tabelle 1 zusammengefassten Grenzwerte für die Sendedauer. Die Regelungen gestatten, in zuschauerreichen Sendezeiten mit 12 Minuten die durchschnittliche tägliche Werbezeit pro Stunde von 9 Minuten zu überschreiten.

Tabelle 1: Zulässige Dauer für Rundfunk-Werbung laut RStV und Werberichtlinien für das Fernsehen bzw. den Hörfunk

Kategorie	Zeitraum	Grenzwert
Spotwerbung und Teleshopping-Spots	pro Stunde	max. 12 min (20 %)
Spotwerbung und Teleshopping-Spots	pro Tag	max. 216 min (15 %)
Teleshopping-Fenster	pro Tag	max. 180 min
Spotwerbung, Teleshopping–Spots und andere Formen der Werbung	pro Tag	max. 288 min (20 %)

Neben der Länge von Werbung regelt der gesetzliche Rahmen auch die Werbeunterbrechung der Sendungen. So dürfen Sendungen von Gottesdiensten sowie Kindersendungen nicht durch Werbung unterbrochen werden. Gleiches gilt für Nachrichtensendungen, Dokumentarfilme, politische und religiöse Sendungen, die weniger als 30 Minuten programmierte Sendezeit haben.

Grundsätzlich sollte Fernsehwerbung zwischen den einzelnen Sendungen eingefügt werden. Nur wenn der gesamte Zusammenhang und Charakter einer Sendung nicht beeinträchtigt wird, dürfen Spots in eine Sendung eingefügt werden.

Bestehen Fernsehsendungen, wie z. B. die Übertragung von Sportereignissen, aus eigenständigen Teilen, so ist die Werbung in die Pausen zu legen. Bei anderen Sendungen ist zwischen den Werbeunterbrechungen ein Abstand von mindestens 20 Minuten einzuhalten. Davon abweichend erlaubt der RStV bei Kinospielfilmen und Fernsehfilmen, die länger als 45 Minuten sind, pro 45 Minuten programmierter Sendedauer eine Unterbrechung. Eine zusätzliche Unterbrechung ist möglich, wenn der Film mindestens 20 Minuten länger dauert als zwei oder mehr 45 Zeiträume (RStV 2008). Fernsehsender versuchen, kritische Zeitgrenzen zu überschreiten, indem sie beispielsweise Szenen wiederholen, um eine weitere Werbeunterbrechung zu senden. Attraktiver als Spielfilme sind für die TV-Sender jedoch Reihen oder Serien, da diese durch mehr und kürzere Werbeinseln unterbrochen werden können (Breyer-Mayländer/Werner 2003, S. 54).

Die werbungtreibende Wirtschaft fragt Werbezeit in einem geeigneten Umfeld nach. Wenn das Rundfunkunternehmen über ein markantes Markenimage verfügt, erleichtert es den Werbekunden einerseits die Orientierung im wachsenden Senderangebot. Andererseits stellt ein bestimmtes Image auch ein Signal für die Qualität dar, die der Kunde bei diesem Unternehmen erwarten kann. Eine **Marke** dient somit der Verringerung des Risikos, die gewünschte Zielgruppe nicht zu erreichen.

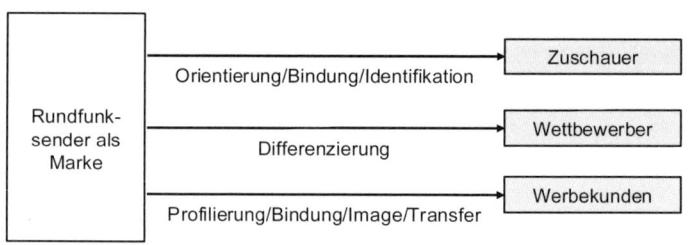

Abbildung 1: Ziele der Markenführung

Abhängig von der betrachteten Bezugsgruppe des Rundfunkunternehmens verfolgt die Bildung einer Marke unterschiedliche Ziele (Abbildung 1). Während sie den Rezipienten die Orientierung bei der Senderwahl erleichtert und die Möglichkeit zur Identifikation mit bzw. der Bindung an den Sender bietet, stellt sie hinsichtlich der Wettbewerber eine Chance zur Differenzierung dar. Bezogen auf den Werbemarkt dient eine Marke der Profilierung des Angebots und der Bindung der Kunden. Außerdem bildet eine etablierte Marke die Basis für den Aufbau eines Senderimages, welches bei der Schaltung von Werbung auf die Produkte und Leistungen der Werbungtreibenden transferiert werden kann.

Das **Ziel der Markenführung** besteht im Erreichen einer Vorzugs-
stellung auf dem Werbemarkt. Wenn das Rundfunkunternehmen
dem Werbekunden ein einzigartiges Verkaufsversprechen (USP: Uni-
que Selling Proposition) liefert, verfolgt es am Werbemarkt die Präferenzstrategie. Es bietet Nutzenkonzepte, die außerhalb eines Preis-
vorteils liegen. Im optimalen Fall erzielt das werbefinanzierte Rundfunkunternehmen eine Alleinstellung am Markt als bester Sender für
bestimmte Zielgruppenkontakte.

Das **Produktprogramm**, welches das Rundfunkunternehmen den
Werbekunden anbietet, umfasst verschiedene Werbeformen
(Abbildung 2). Das Ziel besteht darin, das Produktprogramm so zu
gestalten, dass es den Bedürfnissen der Werbekunden entspricht.

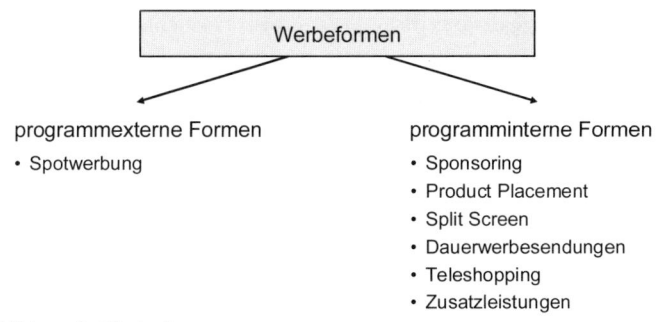

Abbildung 2: Werbeformen

Die **Programmbreite** beschreibt die inhaltliche Vielfalt der angebotenen Werbeformen. Sie ist besonders groß, wenn der Rundfunksender neben verschiedenen Werbeformen im Hörfunk bzw. Fernsehen
auch eine Palette unterschiedlicher Werbeplatzierungsmöglichkeiten
für den Bildschirmtext oder seine Internetseiten anbietet. Wenn das
Produktprogramm für jede Art der Werbeform eine Vielzahl unterschiedlicher Varianten umfasst, zeichnet es sich durch eine große
Programmtiefe aus.

Die **produktpolitischen Instrumente** Produktinnovation, -variation
und -elimination (vgl. Kapitel 8) werden intensiv genutzt, da etablierte Werbeformen oft nicht mehr so stark wahrgenommen werden und
die technologische Entwicklung auf der Rezipientenseite neue Möglichkeiten der Vermeidung von Werbeunterbrechungen, z. B. durch
DVD-Recorder, bietet.

Die Ausrichtung des Programms auf die Bedürfnisse der Werbekunden lässt sich somit anhand der Programmgestaltung der Rundfunkunternehmen und der Vielfalt der Werbeformen nachweisen, die nachfolgend kurz vorgestellt werden.

Spotwerbung ist die klassische und weit verbreitete Werbeform. Ein **Spot** ist ein kurzer Film von meist 10 bis 30, aber weniger als 90 Sekunden Länge, in dem für ein Produkt geworben wird. In Werbeblöcken werden mehrere Spots hintereinander geschaltet. Sie müssen eindeutig als Werbung zu identifizieren sein. Einzeln gesendete Werbespots sind seit der Lockerung der Werberichtlinien zwar erlaubt, sollen aber die Ausnahme bleiben. Sie dürfen den gesamten Zusammenhang und auch den Charakter der Sendung nicht beeinträchtigen. Spotwerbung ist vom restlichen Programm abzugrenzen und wird deshalb als **programmexterne Werbeform** bezeichnet.

Aufgrund der Überflutung der Rezipienten mit Werbebotschaften und wegen des Ausweichverhaltens bei Werbeunterbrechungen zeigt Spotwerbung oft nicht die gewünschte Wirkung. Darüber hinaus ist der Werberaum begrenzt und kann auch bei großer Nachfrage seitens der Werbungtreibenden nicht erweitert werden. Folglich entwickeln Rundfunksender ständig neue Produkte, wie Sponsoring (Abbildung 2), um ein erweitertes Leistungsspektrum anzubieten. Diese innovativen, **programminternen Werbeformen** ermöglichen die Einbettung der Werbung in das Programm.

Als **Sponsoring** gilt jeder Beitrag zur direkten oder indirekten Finanzierung einer Sendung, der dazu dient, die Marke, das Image oder die Leistungen des Sponsors zu fördern (RStV 2008). Auf diese Finanzierung muss zu Beginn oder am Ende der Sendung deutlich hingewiesen werden. Sponsoren dürfen die redaktionelle Unabhängigkeit des Rundfunkveranstalters nicht beeinträchtigen. Das Sponsoring von Nachrichtensendungen und politischen Sendungen ist unzulässig.

Das klassische Sponsoring einer Sendung ist verbunden mit Hinweisen auf den/die Sponsoren vor, in oder nach der Sendung. Außerdem existiert eine Vielzahl innovativer Sponsoringformen, die sich wie folgt unterscheiden lassen (Rott 2003, S. 253):

-   **Horizontales Sponsoring**: unterstützt Sendungen über einen längeren Zeitraum,

-   **Vertikales Sponsoring**: fördert einzelne hintereinanderliegende Sendungen oder auch einen Themenabend,

- **Sponsoring von Programmteilen/Rubriken**: sponsert z. B. Sportsendungen,

- **Trailer-Sponsoring**: der Sponsor erscheint im Programmtrailer,

- **Titelpatronat**: Marken- oder Produktnamen werden in den Programmtitel aufgenommen,

- **Prize-Sponsoring**: Unternehmen unterstützen Sendungen, wie Gameshows, durch zur Verfügung gestellte Preise in Form von Geld-, Sach- oder Dienstleistungen.

Die Vorteile des Sponsorings bestehen vorrangig darin, dass es vom Rezipienten weniger störend als ein Werbespot wahrgenommen wird und im passenden Programmumfeld hohe Erinnerungswerte erzielt. Die beiden Sponsoren der vierten Staffel von „Deutschland sucht den Superstar", Cab und Sony Ericsson, profitierten sowohl in den Erinnerungswerten als auch beim Image und der Bekanntheit der Marke vom Sponsoring (www.ip-deutschland.de 2007).

Beim **Product Placement** werden Namen, Marken bzw. Produkte eines Unternehmens werbewirksam in eine Sendung integriert. Dafür erhält das Rundfunkunternehmen ein Entgelt oder eine andere Gegenleistung. In Deutschland gestaltet sich der Einsatz dieser Werbeform schwierig. Zwar wurden die gesetzlichen Regelungen zum Product Placement in der EU gelockert, es gibt jedoch immer noch Abgrenzungsschwierigkeiten zur (laut RStV untersagten) Schleichwerbung. So findet sich Product Placement bisher vor allem in Kinofilmen oder Lizenz-Serien aus den USA, wo die Protagonisten bestimmte Markensachen tragen oder auf Laptops mit bekanntem Markensymbol zurückgreifen.

Die Bildschirmteilung (**Split Screen**) beschreibt die Teilbelegung des ausgestrahlten Bildes mit Werbung. Es erfolgt die parallele Ausstrahlung redaktioneller und werblicher Inhalte, wobei der Bildschirmteil, in welchem Werbung gezeigt wird, nach den Werberichtlinien vom übrigen Programm eindeutig zu trennen und zu kennzeichnen ist (www.alm.de 2000). Split Screens werden sowohl in der laufenden Sendung als auch im Abspann eingesetzt. Sie erzeugen viel Aufmerksamkeit beim Zuschauer, verleiten aber nicht unmittelbar, wie herkömmliche Werbespots, zum Umschalten.

Es wird eine große Anzahl von Split Screen-Varianten angeboten (Rott 2003, S. 254):

- Preminder: einmalig vor einer Unterbrecherinsel,

- Ad-in: direkt in der laufenden Sendung,
- Punch-in: während der laufenden Übertragung eines Boxwettkampfes,
- Splitsclusive: in der Spielpause einer Sportübertragung,
- Diary: Kurzspots mit hoher Frequenz über den Tag verteilt,
- 7x7: Kurzspots mit hoher Frequenz über die Woche verteilt,
- Split-Kick: parallel zu inhaltsbezogenen Informationen,
- Ad-out: in den Abspann einer Sendung integriert.

Dauerwerbesendungen tragen eindeutigen Werbecharakter, d. h. Werbung oder redaktionell gestaltete Werbung bilden einen wesentlichen Bestandteil der Sendungen. Neben einer Mindestlänge von 90 Sekunden fordern die Werberichtlinien für derartige Sendungen eine vorherige Ankündigung und über die gesamte Sendung dauernde Kennzeichnung als Dauerwerbesendung. So musste auch die „Wok-WM" auf ProSieben 2009 erstmals als Dauerwerbesendung gekennzeichnet werden, nachdem ihr gerichtlich ein deutlicher Werbecharakter unterstellt wurde. Aufgrund der Länge der Sendung musste ProSieben an diesem Tag auf Werbung im weiteren Programm weitgehend verzichten, um die gesetzlichen Werbehöchstgrenzen (Tabelle 1) nicht zu überschreiten (www.dwdl.de 2009).

Spezielle Dauerwerbesendungen, die ein bestimmtes Produkt in den Mittelpunkt stellen, eignen sich aus Sicht der Werbekunden besonders für erklärungsbedürftige Produkte (Rott 2003, S. 254).

Teleshopping soll beim Rezipienten unmittelbar eine Kauf- oder Bestellentscheidung hervorrufen. Es werden Produkte präsentiert und in der Verwendung gezeigt sowie parallel Telefonnummern für die Bestellung eingeblendet.

Weitere programmexterne Werbeformen lassen sich in Verbindung mit den **Zusatzleistungen** des Rundfunksenders generieren. Die Einbindung werblicher Botschaften in programmnahe Dienste, wie den Bildschirmtext oder die Internetseiten, ermöglichen eine Vielzahl von Kontakten zur angestrebten Rezipientenzielgruppe.

Kreativität und Flexibilität auf Seiten des Senders sind wichtig, um entsprechend auf Kundenwünsche zu reagieren. Der werbefinanzierte Fernsehsender DMAX verspricht seinen Werbekunden durch die individuelle Platzierung außerhalb des Werbeblocks eine ungeteilte Aufmerksamkeit für ihre Botschaft. Sonderwerbeformen tragen dazu bei, die Marke der Werbekunden „on top of mind" zu bringen. Ein markenaffines, redaktionelles Umfeld bewirkt, dass für den Spot mehr Aufmerksamkeit und Sympathie generiert wird. Tabelle 2 gibt einen Überblick über die angebotenen Sonderwerbeformen (www.werbung.dmax.de 2009).

Tabelle 2: Sonderwerbeformen des TV-Senders DMAX (www.werbung.d-max.de 2009)

Sponsoring	Special Creation	Exclusive Position
Programm-Sponsoring	Gewinnspiel	Diary
Trailer-Sponsoring	Werbe-Crawl	Single-Spot
Titel-Sponsoring	Promostory	Pre-Split
Rubriken-Sponsoring	Cut In	Post-Split
	Spotpremiere	Single-Split
	Move-Split	Programm-Split
		Abspann-Split
		Content-Split
		News-Countdown

Neben der Bereitstellung von Werberaum bieten werbefinanzierte Rundfunksender weitere werbemarktbezogene Leistungen an (Abbildung 3). Diese umfassen einerseits **Basisdienstleistungen**, wie die Werbezeitendisposition, die für den Werbekunden eine grundlegende Voraussetzung für den Kauf der Werbezeit bildet. Andererseits bieten die werbefinanzierten Rundfunksender ihren Kunden **Zusatzdienstleistungen** (Value Added Services), wie Forschung, Mediaservice und Kundenberatung, an, welche keine Kaufvoraussetzungen aber einen zusätzlichen Nutzen für die Werbungtreibenden darstellen (in Anlehnung an Homburg/Krohmer 2006, S. 161).

Die **Werbezeitendisposition** umfasst die organisatorische Abwicklung der Buchungsaufträge. In direktem Kundenkontakt kümmert sie sich um Ein- und Umbuchung oder Stornierung von Werbezeiten. Der Rundfunkanbieter übernimmt mit dem Verkauf von Sendezeiten auch die Verpflichtung, die Werbebotschaften seiner Kunden bis zu einem festgelegten Sendetermin sendegerecht aufzuarbeiten und zu senden.

Darüber hinaus ist der Verkauf von Werbezeiten mit umfangreichen Beratungs- und Informationsdiensten verbunden. Beim Fernsehen kann das z. B. die Bereitstellung und Auswertung von Daten der

GfK-Fernsehforschung sein. Diese Daten geben Aufschluss über die quantitative und qualitative Zusammensetzung der Rezipienten.

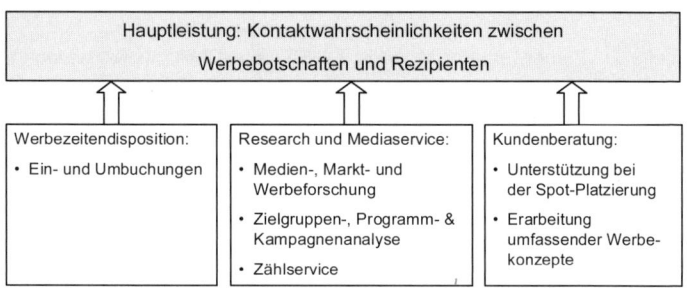

Abbildung 3: Werbemarktbezogene Leistungen

Der **Media-Service** eines Senders erstellt für die Werbekunden Auswertungen über die Leistung der Werbeinseln und vergleicht diese mit den Werten der konkurrierenden Anbieter. Dazu werden für die verschiedenen Zeitschienen oder Tarifgruppen getrennt die wichtigsten werberelevanten Zielgruppen ausgewertet.

Eine weitere Dienstleistung besteht darin, die Werbekunden immer über das aktuelle Programm und eventuelle Preis- oder Programmänderungen zu informieren. Zu diesem Zweck werden neben inhaltlichen Informationen und Preislisten auch aktualisierte Fassungen des Werbeinsel-Schemas verschickt.

Werbeinseln sind eng verknüpft mit der Sendung, die sie begleiten und unterbrechen. Ändert sich das Umfeld, werden die einzelnen Werbeblöcke hinsichtlich einer Anpassung von Preis, Uhrzeit, Länge und redaktionellen Kennzeichen überprüft. Jede Veränderung erfordert ggf. eine Umplatzierung der bereits vorhandenen Spots und eine Benachrichtigung der Kunden (Karstens/Schütte 2005, S. 364).

Im Rahmen der **Kundenberatung** geht es vor allem um die Unterstützung bei der Platzierung der Werbespots oder um die Entwicklung ganzheitlicher Werbekonzepte.

9.2. Umfeldgestaltung für Werbeformen

Voraussetzung für erfolgreiche Werbung im Rundfunk ist ein günstiges **Programmumfeld**. Es beschreibt das allgemeine Programmfeld, in dem die Werbung ausgestrahlt wird (Fahle 1994, S. 24).

Durch die geschickte Positionierung eines Spots im Programm kann eine inhaltliche Verknüpfung mit den für die Zielgruppe interessanten Inhalten erreicht werden. Das beeinflusst die Werbung positiv. Auch ein günstig wahrgenommenes Programmumfeld kann sich positiv auf die Werbung und die beworbenen Marken auswirken (Bosch et al. 2006, S. 73 f.). Aus diesem Grund stellt das passende redaktionelle Umfeld ein wichtiges Entscheidungskriterium bei der Buchung von Werbezeiten für die werbungtreibende Wirtschaft dar (Gläser 2008, S. 523).

Bei der Vermarktung der Werbezeiten verfolgen TV- und Radiosender die Erstellung eines abgestimmten Rahmenprogramms. Die Konzeption der Sendeplätze bestimmt die einzelnen zeitlichen und inhaltlichen Elemente der Gestaltung des Werbeumfeldes. Damit die Werbungtreibenden in der von ihnen gewünschten Zeit umfangreiche Werbemöglichkeiten erhalten, werden die Programmelemente so gestaltet und auf die Sendeplätze gelegt, dass eine optimale Ausstrahlung der Werbung möglich ist. Saisonartikel, wie Skiausrüstungen, werden im Winter beworben, während auf das Erscheinen von Wochenzeitungen an einem bestimmten Tag hingewiesen wird.

Auch die inhaltliche Vergabe der Sendeplätze orientiert sich daran, wann die Werbekunden ihre Zielgruppen erreichen wollen. So werden massenattraktive Sendungen dann ausgestrahlt, wenn für Massenprodukte geworben werden soll (Fahle 1994, S. 25).

Die **Wirkung eines Werbespots** hängt sowohl vom Kontext des programmlichen Umfeldes als auch anderer Werbespots ab. Diese Faktoren kann der Werbungtreibende in unterschiedlichem Ausmaß kontrollieren. Die Werbeblöcke bestehen aus einer unterschiedlichen Zahl von Werbespots. Sie werden immer wieder neu zusammengestellt und konkurrieren untereinander um die höchste Aktivierung, Aufmerksamkeit, Überzeugungskraft und Lernwirkung. Verschiedenartige Effekte, sowohl zwischen dem Umfeld und den Spots, als auch der Spots untereinander, können die Spotwirkung beeinflussen.

Positionseffekte beschreiben die Veränderung der Effektivität eines Werbespots durch die Positionierung im Werbeblock. Während der zuerst gesendete Spot die größte Aufmerksamkeit seitens des Rezipienten erfährt (Primär- oder **Primacy-Effekt**), generiert der zuletzt gesendete die, im Vergleich zu den anderen Spots, höchsten Erinnerungswerte (Rezenz- oder **Recency-Effekt**) (Brosius/Fahr 1996, S. 19 ff.).

Außerdem kann ein Spot die Werbewirkung eines vorangehenden oder nachfolgenden Spots verändern. Das Umfeld innerhalb des Werbeblocks lässt sich durch die Werbungtreibenden schwer kontrollieren. Es können **Ausstrahlungseffekte** auftreten, welche das Behalten und Erinnern der werblichen Information, die Bewertung des Produkts und Spots sowie die Stimmung des Rezipienten beeinflussen. Ausstrahlungseffekte lassen sich wie folgt systematisieren (Brosius/Fahr 1996, S. 24):

-   **Kongruenzeffekte** fördern die Werbewirkung, da das Umfeld und der Spot in derselben Stimmung gesendet werden, z. B. unterhaltend,

-   **Divergenzeffekte** lösen durch die unterschiedliche Stimmung in Programm und Spot eine günstigere Werbewirkung aus,

-   **Kurvilinearität** fördert durch die Schaffung eines mittleren Erregungsniveaus durch das Programm die Werbewirkung des Spots. Eine zu hohe oder zu geringe Erregung beeinträchtigt diese jedoch, wenn z. B. der Werbeblock einen Spannungshöhepunkt unterbricht.

Die **Aufmerksamkeit**, mit der ein Zuschauer bzw. Hörer eine Sendung verfolgt, kann sich darauf übertragen, wie aufmerksam die Werbeunterbrechungen verfolgt werden. Dieser Effekt ist besonders stark für die Werbespots, die in die Sendung eingebettet sind. Eine günstige **Bewertung des Programms** führt dazu, dass die in dieser Zeit programmierten Werbespots besser bewertet werden (Moorman et al. 2005).

Die Erinnerung an gesendete Werbespots wird durch die kognitive und emotionale Beteiligung (**Involvement**) des Rezipienten an der Sendung beeinflusst. So sich sehen hoch involvierte Zuschauer eines Fußball-Spiels die anschließenden Werbeblöcke eher an, als wenig involvierte Zuschauer, und können sich auch besser an deren Inhalte erinnern (Moorman et al. 2007).

Aufgaben

1. Beschreiben Sie den rechtlichen Rahmen, den ein werbefinanziertes Rundfunkunternehmen bei produktpolitischen Entscheidungen beachten muss!

2. Erläutern Sie die Ziele der Markenführung!

3. Welche Werbeformen kennen Sie? Erläutern Sie diese anhand aktueller Beispiel aus Hörfunk und Fernsehen!

4. Beschreiben Sie die werbemarktbezogenen Leistungen eines werbefinanzierten Rundfunkunternehmens und erläutern Sie deren Bedeutung!

5. Geben Sie einen Überblick über die Effekte, welche die Effektivität eines Werbespots beeinflussen können!

Literatur

Bosch, C./Schiel, S./Winder, T.: Emotionen im Marketing, Wiesbaden 2006

Breyer-Mayländer, T./Seeger, C.: Medienmarketing, München 2006

Brosius, H.-B./Fahr, A.: Werbewirkung im Fernsehen – Aktuelle Befunde der Medienforschung, München 1996

Fahle, R.: Die Ausrichtung auf die Programmgestaltung öffentlich-rechtlicher und privater TV-Anbieter auf die Vermarktung von Werbezeiten, Reihe Arbeitspapiere des Instituts für Rundfunkökonomie an der Universität zu Köln, Heft 16, 1994

Gläser, M.: Medienmanagement, München 2008

Homburg, C./Krohmer, H.: Grundlagen des Marketingmanagements, Wiesbaden 2006

Karstens E./Schütte: Praxishandbuch Fernsehen, Wiesbaden 2005

Meffert, H./Burmann, C./Kirchgeorg, M.: Marketing – Grundlagen marktorientierter Unternehmensführung, 10. vollständig überarbeitete und erweiterte Auflage, Wiesbaden 2008

Moorman, M./Neijens, P. C./Smit, E. G.: The effects of program responses on the processing of commercials placed at various positions in the program and the block, in: Journal of Advertising Research, 45 (1), 2005, S. 49-59

Moorman, M./Neijens, P. C./Smit, E. G.: The effects of program involvement on commercial exposure and recall in a naturalistic setting, in: Journal of Advertising 36 (1) 2007, S. 121-137

Rott, A.: Werbefinanzierung und Wettbewerb auf dem deutschen Fernsehmarkt, Berlin 2003

RStV - Rundfunkstaatsvertrag: Staatsvertrag für Rundfunk und Telemedien vom 31. 08. 1991, in der Fassung von Artikel 1 des Zehnten Staatsvertrages zur Änderung rundfunkrechtlicher Staatsverträge vom 19. 12. 2007, in Kraft getreten am 01. 09. 2008

Werberichtlinien für das Fernsehen: Gemeinsame Richtlinien der Landesmedienanstalten für die Werbung zur Durchführung der Trennung von Werbung und Programm und für das Sponsoring im Fernsehen in der Neufassung vom 10. 02. 2000

Werberichtlinien für den Hörfunk: Gemeinsame Richtlinien der Landesmedienanstalten für die Werbung zur Durchführung der Trennung von Werbung und Programm und für das Sponsoring im Hörfunk in der Neufassung vom 10. 02. 2000

Links

www.alm.de: Arbeitsgemeinschaft der Landesmedienanstalten: Gemeinsame Richtlinien für die Werbung zur Durchführung der Trennung von Werbung und Programm und das Sponsoring im Fernsehen (Werberichtlinien) in der Neufassung vom 10. 02. 2000

www.dwdl.de: Medienmagazin

www.ip-deutschland.de

www.werbung.dmax.de

10 Preispolitik

Im Gegensatz zu den bisher behandelten Marketinginstrumenten muss die Preispolitik nur für den Werbekundenmarkt betrachtet werden. Den Rezipienten steht das Programm der werbefinanzierten Rundfunkanbieter kostenlos zur Verfügung. Sie zahlen weder ein Entgelt für dessen Nutzung noch gehen sie eine vertragliche Bindung zum Anbieter ein.

10.1 Grundlagen und Einflussfaktoren der Preispolitik

Die Preispolitik beinhaltet alle Entscheidungen über das Entgelt (Preis) für die angebotenen Werbeflächen, über Rabatte, Liefer- und Zahlungsbedingungen sowie die Preisdurchsetzung im Markt. Sie ist auf die Maximierung des Gewinns ausgerichtet. Werbefinanzierte Rundfunkunternehmen wollen mit ihrer Preispolitik folgende Ziele erreichen: Umsatz maximieren, Kundentreue erhöhen, Auftragsabwicklung rationalisieren, Verteilung der Spots im Tagesablauf steuern und das Image des Senders verbessern (Clef 1995, S. 189).

Wohldurchdachte preispolitische Entscheidungen helfen, die Werbeeinnahmen zu erhöhen, was zu einer Verbesserung des Programmangebotes und letztendlich zu besseren Einschaltquoten führt. Aus diesem Grund haben die Entscheidungen über die Bestimmung, Gestaltung und Durchsetzung der Werbepreise eine herausragende Bedeutung für den Erfolg des Rundfunkunternehmens.

Im Werbemarkt unterliegen preispolitische Entscheidungen folgenden **Besonderheiten** (Köcher 2000, S. 229-230):

1. Eine Dienstleistung, wie die Bereitstellung von Werbezeiten, ist dadurch gekennzeichnet, dass sich die abgesetzten Einheiten (Werbezeitminuten) nicht lagern lassen.

2. Die Werbezeitennachfrage ist entsprechend den Rezeptionsgewohnheiten der werberelevanten Zielgruppen sowohl im Tages-, Wochen- als auch im Jahresverlauf ungleich verteilt.

3. Der überwiegende Teil der Kosten werbefinanzierter Rundfunksender entsteht für die Programmerstellung. Die Programmkosten verhalten sich hinsichtlich der Werbezeiten beschäftigungsfix, d. h. ihre Höhe ist von der Ausnutzung der Werbekapazität des Senders unabhängig. Die Werbekapazität von privaten Rundfunkunternehmen ist in den Werberichtlinien gesetzlich geregelt (vgl. Kap 2). Der Umfang der verkauften Werbezeiten, im Rahmen des gesetzlich festgelegten Werbevolumens, hängt von der

Nachfrage der Werbekunden ab. Unabhängig von der Werbezei-
tenauslastung bleiben jedoch die Ausstrahlungskosten für einen
Spielfilm konstant.

4. Die Kapazität eines werbefinanzierten Rundfunksenders ist die
zur Vermarktung stehende Werbezeit. Durch die gesetzliche Be-
schränkung ist die Kapazität der ausgestrahlten Werbezeit hinsichtlich einer Anpassung an die Nachfrage nach oben hin unflexibel. Das bedeutet, dass das Rundfunkunternehmen nicht mehr
als das vorgegebene Maximum an Werbung senden darf. Auch
nach unten hin ist die Kapazität unflexibel, weil ein Verzicht auf
den Verkauf von Werbeplätzen nicht zu Kostensenkungen führt.

Die **Aufgabe der Preispolitik** im werbefinanzierten Fernsehen und
Radio besteht darin, die bestmögliche Kapazitätsauslastung bei maximal erzielbaren Preisen zu gewährleisten. Anders ausgedrückt,
haben die preispolitischen Entscheidungen das Ziel, den Ertrag pro
gesetzlich zur Verfügung stehender Werbeminuten bzw. den Ertrag
pro verkauftem Rezipientenkontakt zu maximieren.

Ein werbefinanzierter TV- oder Radiosender muss sein Programm so
gestalten, dass ein Werbekunde in der Zuschauerstruktur des Programms die für ihn optimale Zielgruppe findet, um so eine möglichst
hohe Zahlungsbereitschaft zu generieren. Das bedeutet, dass die
Preisbestimmung (Preisbildung) im Werbemarkt durch das Rezipientenverhalten und das Verhalten der Werbungtreibenden beeinflusst wird.

Zu den **rezipientenmarktspezifischen Determinanten** der Preisbildung zählen:

Programmnachfrage: Die programm- bzw. sendungsspezifische
Nachfrage hängt vom Rezipientenverhalten ab, d. h. von der Akzep-
tanz der Sendungen bei den Zuschauern und Hörern. Neue Sendungen starten in der Regel auf niedrigem preislichem Niveau, weil sie
erst von den Rezipienten entdeckt werden müssen. Die Schaltung
von Werbespots wird in so einem Umfeld oft sehr preiswert ermöglicht. Bei dem neu in den Markt eingeführten Sender neun TV kostete ein 30-Sekundenspot in der deutschen Erstausstrahlung der Tele-
novela „JUANITA ist Single" im Jahr 2008 zwischen 300 und 600
Euro brutto (www.prosiebensat1.com 2009). Werden andererseits
sportliche Großereignisse, wie eine Europa- oder Weltmeisterschaft
übertragen, erhöht sich die Programmnachfrage, was die Preisbildung
beeinflusst. Bei RTL betrugen die Preise für 30-Sekunden-Spots in

den Halbzeitinseln der Vorrundenspiele der FIFA-Weltmeisterschaft 2006 zwischen 75.900 und 124.200 €. In den beiden Achtelfinal-Begegnungen kostete ein 30-Sekunden-Spot 155.400 € (www.dwdl.de 2005).

Saisonale Schwankungen: Der Erfolg von Sendungen hängt von den Jahreszeiten und anderen äußeren Bedingungen ab. Sendungsinhalte und –formate sind zu verschiedenen Jahreszeiten unterschiedlich erfolgreich. Zuschauer und Hörer rezipieren Reisesendungen in den Wintermonaten sowie außerhalb der Reisesaison wesentlich häufiger. In den Wintermonaten schauen die Menschen mehr fern als in den Sommermonaten, in denen sie ihre Freizeitaktivitäten ins Freie (überwiegend ohne Fernseher und Radio) verlegen.

Schwankungen im Wochenverlauf: Angebote von Radio und Fernsehen werden unterschiedlich intensiv an den verschiedenen Wochentagen genutzt. Die Ursache liegt im differenzierten Freizeitverhalten an den Arbeitstagen und am Wochenende und ist letztendlich auf den menschlichen Bio- und Arbeitsrhythmus zurückführbar. Freitags sowie samstags wird mehr und bis spät in die Nacht ferngesehen und montags wird die Fernsehnutzung besonders frühzeitig beendet.

Schwankungen im Tagesverlauf: Aufgrund der verschiedenen Tätigkeiten, denen Menschen nachgehen, der Habitualisierung des Rezipientenverhaltens und ihrer Interessenslagen ist die Anzahl der Rezipienten, die im Tagesablauf das Radio oder den Fernseher einschalten unterschiedlich hoch. Sowohl der Radio- als auch der Fernsehtag wird nach dem Kriterium Rezipientenbeteiligung in unterschiedliche Zeitblöcke (vgl. Kapitel 8.3) eingeteilt.

Zapping: Darunter versteht man das Hin- und Herschalten zwischen unterschiedlichen Programmen mit der Fernbedienung. Zu Beginn eines TV-Werbeblocks schalten viele Rezipienten auf einen anderen Kanal oder beschäftigen sich mit anderen fernsehfremden Aktivitäten. „Dabei sind wir ja schon alle automatisch vorgeschult und nutzen die Gnade der Werbepause, um … die vielen Restbeschäftigungen des Lebens in einen vollen Fernsehtag zu packen." (Weidling 2007, S. 10). Werbeblöcke haben geringere Reichweiten als das sie umgebende Rahmenprogramm. Ein attraktives Programm mit hoher Zuschauerbindung verliert im Werbeblock weniger als 20 Prozent der Zuschauer, bei Sendern mit weniger attraktiven Programmen können die Zuschauerverluste (Zappingabschlag) bis zu 30

Prozent betragen (Karstens/Schütte 2005, S. 257). Beim Radio ist Zapping nicht so stark ausgeprägt, weil die Rezipienten es von vornherein nebenbei nutzen.

Konsumverhalten: Im Jahresverlauf schwankt das Konsumverhalten der Rezipienten. Zum einen treten produktspezifische saisonale Schwankungen auf. Im Sommer werden sommerspezifische Produkte wie Grillwürste, Shorts oder Sonnenbrillen und im Winter Wintersportartikel erworben. Zum anderen treffen Konsumenten, unabhängig vom konkreten Produkt, im Sommer wesentlich weniger Kaufentscheidungen als in der Vorweihnachtszeit. Der Januar zeichnet sich durch ein zurückhaltendes Konsum- und somit auch Werbeklima aus. In Zeiten einer Wirtschaftskrise reagieren die Konsumenten generell zurückhaltender. Dementsprechend sinken die Werbeausgaben der werbungtreibenden Unternehmen. Die Vermarktungsgesellschaft der RTL-Gruppe verbuchte für Januar 2009 einen Brutto-Umsatzrückgang von 16,6 Prozent im Vergleich zum Monat des Vorjahres (Urbe 2009, S. 17).

Zu den **werbemarktspezifischen Determinanten** der Preisbildung, gehören:

Werbestrategie: Werbekunden haben meist eine Werbestrategie und sind somit an bestimmte Sendeplätze bzw. Sendezeiten gebunden, wenn sie ihre Zielgruppe erreichen wollen. Jeder Rundfunksender kann durch die Analyse von Vergangenheitsdaten des Buchungsverhaltens erkennen, welche Kampagnentypen der Kunde immer wieder verfolgt. Die Kampagnentypwahl eines Werbekunden hängt in erster Linie von den Eigenschaften des Produktes ab. Einen konstant hohen Werbedruck benötigen Konsumgüter, die gewohnheitsmäßig gekauft werden. Bei Werbeunterbrechungen bzw. einem Absinken des Werbedrucks verringern sich die Bekanntheitswerte. Deshalb darf der wöchentliche Werbedruck bestimmte Grenzwerte nicht unterschreiten. So steigt der Return on Investment (ROI) beim Überschreiten von 80 GRPs pro Woche um 50 Prozent. Wird der Werbedruck auf über 100 GRPs pro Woche erhöht, dann liegt der ROI um 83 Prozent höher als in der Klasse von 40-80 GRP (Hoppe 2008, S. 46).

Das **Waving** ist eine Werbekampagne für Güter mit investivem Charakter, da vor der Kaufentscheidung eine relativ lange Überlegungsphase liegt. Hierbei ist es wichtig, das Image und die Einstellung der potenziellen Käufer durch mehrfache Werbekontakte positiv zu beeinflussen. Kampagnen für saisonale Produkte, wie z. B. für die Pralinen Mon Chéri der Firma Ferrero, sind so gestaltet, dass nur in bestimmten Zeiträumen Werbung gesendet wird. In der Zwischenzeit sind bewusst Werbepausen unterschiedlicher Länge eingeplant. Ein Absinken des Werbedrucks und des Bekanntheitsgrades ist für diese Produkte außerhalb der Saison völlig unproblematisch. **Bursts** oder **Flights** werden Kampagnen genannt, in denen ein extrem hoher Werbedruck über einen kurzen Zeitraum von wenigen Wochen erzeugt werden soll. Die Analyse von 400 Werbekampagnen hat gezeigt, dass durch TV-Werbung bei der Markteinführung innovativer Produkte mit kurzem Lebenszyklus eine Abverkaufssteigerung von 26 Prozent erzielt werden konnte. Bei Kampagnen für etablierte Produkte waren es nur 8 Prozent (Hoppe 2008, S. 44).

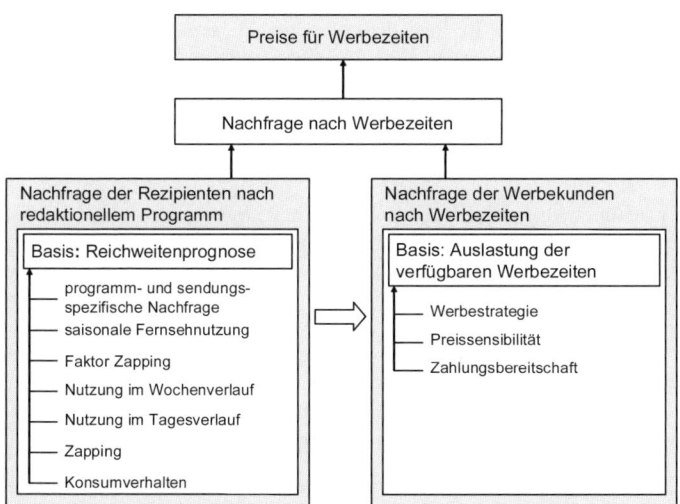

Abbildung 1: Nachfrageseitige Einflussfaktoren auf die Preisbildung

Preissensibilität: Sie hängt von der Attraktivität des Werbemediums und den Wettbewerbsbedingungen auf dem Werbemarkt ab. Wenn sich die Anzahl konkurrierender Anbieter erhöht oder die Markttransparenz sich verbessert, kann der Werbekunde schon auf geringe Preisänderungen reagieren und zu einem kostengünstigerem Sender wechseln (Rott 2003, S. 67).

Zahlungsbereitschaft: Werbekunden sind bereit, mehr Geld für die Werbezeit zu zahlen, wenn die Qualität der zu erreichenden Zielgruppe sehr hoch ist. Die Zahlungsbereitschaft steigt bei optimalen Kontaktmöglichkeiten mit der gewünschten Zielgruppe, deren Kaufbereitschaft und finanziellen Möglichkeiten.

Die Abbildung 1 gibt einen zusammenfassenden Überblick über die Determinanten der Preisbildung im Werbemarkt.

10.2 Verfahren zur Preisbestimmung

Preisentscheidungen beziehen sich zum einen auf die erstmalige Preisbestimmung und zum anderen auf Preisänderungen (Meffert et al. 2008, S. 484). **Preise** stellen monetäre Gegenwerte dar, die Unternehmen für die Nutzung ihrer Unternehmensleistung fordern und die als Bruttopreise in Preislisten schriftlich fixiert werden (Bruhn 2009, S. 166). Sie werden von Anbietern (Rundfunkunternehmen) gefordert, von Nachfragern (Werbekunden) geboten bzw. am Markt akzeptiert. Preise stellen letztendlich die Summe aller mittelbar und unmittelbar mit dem Kauf der Werbezeiten verbundenen Ausgaben des Werbungtreibenden dar (in Anlehnung an Diller 2008, S. 32).

Werbefinanzierte Rundfunkunternehmen bestimmen, wie alle erwerbswirtschaftlichen Unternehmen, ihre Preise für die am Werbemarkt zu verkaufenden Werbezeiten auf der Grundlage der Kosten, der Nachfrage und des Preisverhaltens der Wettbewerber (Homburg/Krohmer 2006, S. 719). Es ist demzufolge zwischen der kostenorientierten, der wettbewerbsorientierten und der nachfrageorientierten Methode der Preisbestimmung zu unterscheiden.

Kostenorientierte Preisbestimmung

Jeder werbefinanzierte Sender verfolgt das Ziel, die Kosten für sein Programm durch Werbeeinnahmen zu decken. Bei der kostenorientierten Preisbestimmung wird der Preis für die Werbezeiten durch eine Kalkulation auf Basis der Informationen aus der Kostenrechnung ermittelt. Mit Hilfe der Kostenträgerrechnung können die Kosten für jede einzelne Sendung berechnet werden.

Die Bildung kostenorientierter Preise zielt darauf ab, einen Preis zu finden, der es ermöglicht, die verursachten Kosten und einen angemessenen Gewinn am Werbemarkt einzulösen. Im Idealfall müsste es gelingen, jede einzelne Sendung über den Verkauf von Werbezeiten während ihrer Ausstrahlung kostendeckend zu gestalten.

Die Höhe der Programmkosten hängt nicht nur von der Programmkategorie (z. B. Zielgruppe, Genre, Sendeplatz, Herkunft), sondern auch vom Umfang, der Tiefe und der Qualität des Programms ab. Die Programmkosten verhalten sich in Bezug auf die Ausstrahlung des Programms variabel. In Bezug auf die Kontaktleistung des Senders mit den Werbekunden verhalten sie sich dagegen fix, denn die Grenzkosten für zusätzlich erreichte Rezipienten gehen gegen Null. (Dintner 2003, S. 177). Programmkosten für eine Minute Programmausstrahlung werden im Hörfunk und im Fernsehen Minutenkosten genannt. 2004 entstanden den deutschen Privatsendern durchschnittlich 850 € Kosten pro Sendeminute (Groenveld/Averding 2008, S. 38).

In der Praxis ist eine Kostendeckung nicht für alle Formate eines Rundfunkunternehmens gewährleistet. Talkshows, Serien und regelmäßige Magazine verursachen relativ geringe Kosten. Aufgrund ihrer recht konstanten Reichweiten können zu ihren Sendezeiten hohe Werbepreise und somit gute Gewinne erzielt werden. Bei aufwändig produzierten Spielfilmen, Hörspielen oder teuer erworbenen Spielfilmrechten entstehen hohe Kosten. Das Risiko, dass sie von der Zielgruppe nicht angenommen werden, ist wesentlich höher. In diesem Fall muss durch eine Querfinanzierung der Verlust ausgeglichen werden.

Bei der kostenorientierten Preisbestimmung haben sich die Vollkosten- und die Teilkostenrechnung bewährt. Bei der **Vollkostenrechnung** wird der Preis durch die Bildung eines Gewinnaufschlages auf die gesamten Kosten (Vollkosten) festgelegt (Homburg/Krohmer 2006, S. 746). Die Vollkosten können nach dem Kriterium Zurechenbarkeit auf den Kostenverursacher in Einzelkosten und Gemeinkosten unterteilt werden. Die direkt dem Sendungsprogramm zurechenbaren Einzelkosten umfassen beispielsweise die First Copy Costs und die Rechtekosten. Kosten für Mieten, Strom, Geschäftsleitung, Verwaltung sowie Versicherung zählen zu den indirekt zurechenbaren Gemeinkosten.

Die **Teilkostenrechnung** dient vorrangig der Entscheidungsunterstützung bei der Preisfindung. Es werden nur die Kosten berücksichtigt, die in einem direkten Zusammenhang mit der Entwicklung, Produktion und Vermarktung des Medienproduktes stehen. Die

Kosten werden anhand des Kriteriums Einfluss der Ausbringungs-menge in variable und fixe Kosten eingeteilt. Variable Kosten, wie Kosten für Honorare, Rechte, Material und freie Mitarbeiter, verändern sich in Abhängigkeit von der Anzahl der produzierten Sendungen. So verursachte die Produktion des Spielfilms „Die Schatzinsel" dem Sender ProSieben variable Kosten in Höhe von 7,7 Mio € (www.tvspielfilm.de 2007). Outputunabhängig sind die Fixkosten des Rundfunkunternehmens. Zu ihnen zählen Verwaltungs-, Miet- und Geschäftsführungskosten sowie Steuern.

Als Kalkulationsbasis für den Preis werden bei der Teilkostenrech-nung nur die variablen Stückkosten verwendet, auf die ein Deck-ungsbeitragszuschlag (Prozentwert der variablen Kosten) aufgeschla-gen wird (Bruhn 2009, S. 176). Ist der Verkaufspreis (Werbeerlös) höher als die variablen Kosten, können mit der Differenz (Deck-ungsbeitrag) die fixen Kosten abgedeckt und gegebenenfalls ein Ge-winn erwirtschaftet werden. Der Deckungsbeitrag ist für das Rund-funkunternehmen eine entscheidende Orientierungsgröße. Um den Deckungsbeitrag eines Sendeplatzes zu ermitteln, werden von dem Werbeerlös des Sendeplatzes die variablen Programmkosten abgezo-gen. Der Deckungsbeitrag zeigt, ob eine Programmausstrahlung alle von ihr direkt verursachten Kosten decken kann. Er bildet somit die Preisuntergrenze.

Für die Festlegung der Preisuntergrenzen, d. h. dem niedrigsten An-gebotspreis für die Werbezeiten, sind beide Verfahren hilfreich. Die **Preisuntergrenze** ist der Preis, bei dem die wesentlichen Kosten des Senders zwar gedeckt werden, er jedoch keinen Gewinn realisiert.

Die Voll- und die Teilkostenrechnung sind nur bedingt zur Preisbe-stimmung von Fernseh- und Radiosendern nutzbar. Sie berücksichti-gen nicht den Einfluss des Marktes. Aus diesem Grund hat sich ein dritter kostenorientierter Preisbildungsansatz – das **Target Pricing** – entwickelt. Beim Target Pricing wird der Preis nicht ausgehend von den entstehenden Kosten, sondern von den am Markt erziel- bzw. durchsetzbaren Preisen bestimmt (Diller 2009, S. 535). Unter Zuhil-fenahme der Marktforschung und -prognose müssen die Zielgrup-penpräferenzen der Werbekunden und deren damit verbundene Zah-lungsbereitschaft (Zielpreise) ermittelt werden. Ist der marktfähige Preis für die innerhalb eines bestimmten Zeitintervalls liegenden Werbeplätze bekannt, kann davon der Zieldeckungsbeitrag abgezo-gen werden. Wird der erhaltene Betrag anschließend durch die anvi-sierte Reichweite dividiert, ergeben sich die direkten Ziel-Tausend-

Kontakt-Kosten. Das Target Pricing verknüpft die kostenorientierte mit der nachfrageorientierten Preisbildung. Mit diesem Verfahren können die im Rundfunkunternehmen anfallenden programminduzierten Kosten von vornherein zielgerichtet gesteuert werden. Bei werbefinanzierten TV-Sendern dominieren im Programm Auftrags- und Kaufproduktionen. Hier kann diese Methode nur bei intensiver frühzeitiger Kooperation und Kostenabstimmung mit externen Produzenten realisiert werden.

Werbefinanzierte Rundfunkunternehmen sind einem intensiven intra- und intermediärem Wettbewerb und einer hohen Preiselastizität bei der Nachfrage ausgesetzt. Deshalb reicht es nicht aus, die Preise auf Grundlage der Kosten zu kalkulieren. Genauer können die Werbezeitenpreise festgelegt werden, wenn neben der kostenorientierten auch die wettbewerbs- und nachfrageorientierte Preisbestimmung zur Anwendung kommen.

Wettbewerbsorientierte Preisbestimmung

Bei der wettbewerbsorientierten Preisbestimmung orientiert sich ein werbefinanzierter Hörfunk- oder Fernsehsender an den Preisen und dem Marktverhalten der Wettbewerber. Ausgangspunkte für die Preisbestimmung sind der durchschnittliche Marktpreis für Werbezeiten und die Preisaktivitäten der Hauptwettbewerber. Beispielsweise orientiert sich bei der Preisbildung der Hörfunksender LandesWelleThüringen am Marktführer Antenne Thüringen.

Ein Vergleich der Werbezeitenpreise der großen Fernseh- und Radiosender zeigt, dass diese relativ nah beieinander liegen. Ursache ist der oligopolistische Werbemarkt, in dem bei hoher Wettbewerbsintensität homogene Produkte angeboten werden. Der TV-Werbemarkt wird von den Privatsenderkonzernen RTL und ProSieben-Sat.1 dominiert. Der Marktanteil eines jeden der beiden Sender ist so groß, dass Volumenänderungen bei den verkauften Werbezeiten spürbaren Einfluss auf den Gewinn des anderen haben. So hat RTL im Jahr 2008 davon profitiert, dass das neue Werbezeitenverkaufsmodell von ProSiebenSat.1 von den Werbekunden nicht akzeptiert wurde. Der Marktanteil der ProSiebenSat.1-Gruppe sank 2008 um 2,4 Prozent auf 41,1 Prozent (www.prosiebensat1.com 2009).

Bei Preisänderungen in einem **oligopolistischen Werbemarkt** besteht zwischen den wenigen großen Anbietern eine Reaktionsverbundenheit. Deshalb muss jedes Unternehmen versuchen, die preispolitischen Verhaltensweisen und Reaktionen seiner Wettbewerber zu prognostizieren. Gutenberg (1984, S. 266 ff.) unterscheidet drei mögliche Reaktionsmuster in einem Oligopol:

Wirtschaftliches Verhalten: Alle Wettbewerber treffen ihre Preisentscheidungen nach den Regeln eines geordneten Preiswettbewerbs. Die preispolitischen Maßnahmen dienen der Verwirklichung eigener Ziele und nicht dem Schaden der Konkurrenz.

Koalitionsverhalten: Alle Wettbewerber verständigen sich darauf, nicht über den Preis miteinander zu konkurrieren. Die Grundlage der Preispolitik ist gegenseitige Verständigung.

Kampfverhalten: Alle Wettbewerber versuchen, sich durch preispolitische Maßnahmen bis hin zu Preiskriegen gegenseitig aus dem Markt zu verdrängen. Preiskämpfe können durch das Einsetzen einer negativen Preisspirale die gesamte Branche ruinieren.

Die Ursachen für **Preiskriege** im TV- und im Radiowerbemarkt, wie auch in allen anderen Industrieunternehmen, liegen in einer weit verbreiteten Fokussierung auf den Marktanteil, dem Bestehen von Überkapazitäten, fehlenden Möglichkeiten zur Produktdifferenzierung und preisbezogenen Fehleinschätzungen (Homburg/Krohmer 2006, S. 748). Im TV-Werbemarkt werden Preiskriege vorrangig durch die Gewährung von überdimensional hohen Rabatten geführt. In der Finanzkrise, wo zu Jahresbeginn 2009 der Gesamtmarkt mit etwa 15 Prozent weniger Werbeeinnahmen als im Vorjahr im Minus lag, findet zwischen den beiden großen Free-TV-Sendern ein Preiskrieg statt. Der Vermarkter von ProSiebenSat.1 SevenOne Media versucht nach dem Flop vom letzten Jahr, die Kunden und Agenturen durch besonders attraktive Konditionen von einer Buchung zu überzeugen. „Viele Marktbeobachter rechnen damit, dass IP dem durch SevenOne Media aufgebauten Konditionendruck nicht mehr lange standhält und damit der gesamte Markt ins Rutschen geraten könnte. 'Die Abwärtsspirale ist schon in vollem Gang, kommentiert Klaus Böhm, Director Deloitte, die derzeitige Entwicklung der Brutto-Netto-Schere'." (Paperlein 2009, S. 25).

Von Dauer sind Preiskriege nicht, weil dann tatsächlich höhere Gewinnmargen realisiert werden müssten, was in der Realität nicht der Fall ist. Ein Preiskrieg führt zu sinkenden Werbepreisen und kann dem gesamten Werbemarkt schaden. Langfristig betrachtet, überwiegt das wirtschaftliche Verhalten. Gutenberg (1984, S. 282 ff.) hat gezeigt, dass wirtschaftliches Verhalten bei oligopolistischer Angebotsstruktur sowohl ein Angleichen als auch ein Erstarren der Preise nach sich zieht. Die Ursache liegt darin, dass jeder Werbezeitenanbieter durch Schaffung von Kundenpräferenzen sich eine eigene Absatzkurve mit einem begrenzten Preisspielraum (monopolistische Zone) schafft. In dieser Zone kann er die Preise ändern, ohne Werbekunden- bzw. Konkurrenzreaktionen befürchten zu müssen. Verlässt er diese, hat er mit entsprechenden Reaktionen zu rechnen. Das beschriebene Phänomen lässt sich mit der doppelt geknickten Preis-Absatz-Funktion veranschaulichen.

Im oligopolistischen werbefinanzierten Rundfunkmarkt ist zu beobachten, dass die Konkurrenz auf eine Preissenkung relativ schnell und auf eine Preissteigerung dagegen nur zögerlich oder gar nicht reagiert. Auch das ist mit der doppelt geknickten Nachfragekurve erklärbar, die von der Annahme ausgeht, dass eine nur von einem Anbieter durchgeführte, d. h. isolierte Preiserhöhung, eine stärkere Auswirkung auf die Absatzmenge hat als eine isolierte Preissenkung.

Für die Preisbestimmung im werbefinanzierten Radio und Fernsehen ist es unzureichend, nur die Preisuntergrenzen und die Wettbewerbspreise zu kennen. Da die Werbezeiten von den Werbekunden gekauft werden müssen, ist deren Reaktion die entscheidende Größe. Erst die nachfrageorientierte Preisbestimmung ermöglicht eine zielführende Prognose über den zukünftigen Absatz, Umsatz und Gewinn des Rundfunkunternehmens.

Nachfrageorientierte Preisbestimmung

Entscheidendes Kriterium für eine gewinnorientierte Preisbildung ist das Verhalten der Nachfrager im gewählten Markt. Da die Werbekunden meist über ein festes Budget für Werbeausgaben verfügen und diese Budgets tendenziell immer knapper bemessen sind, muss deren Zahlungsbereitschaft stärker berücksichtigt werden.

Das Ziel der **nachfrageorientierten Preisbestimmung** besteht darin, die Reaktionen der Werbekunden auf unterschiedliche Preise zu prognostizieren. Zur Prognose der Reaktionen der Werbekunden wird unter Annahme unterschiedlicher Preisforderungen eine Rückrechnung der Auswirkungen der Werbepreise auf die Zielerreichung des Rundfunkunternehmens (retrograde Kalkulation) vorgenommen (Diller 2008, S. 319 ff.). Das Grundprinzip der praxisnahen nachfrageorientierten Preisbestimmung besteht darin, dass für einzelne Werbezeiten jeweils alternative Preise festgesetzt werden. Anschließend müssen für jeden alternativen Preis die Absatz- und Umsatzwerte geschätzt und auf dieser Basis der optimale Preis ermittelt werden.

Problematisch ist die Anwendung des Verfahrens im Hinblick auf die Absatzmenge, weil die Menge des absetzbaren Werberaums gesetzlich festgelegt und somit über eine bestimmte Absatzmenge nicht hinausgegangen werden kann.

Zu den Methoden der marktorientierten Preisbestimmung zählen u. a. die Break-Even-Analyse, die marginalanalytische Methode und das Yieldmanagement.

Das einfachste Verfahren ist die **Break-Even-Analyse**. Dieses statische Verfahren geht davon aus, dass die Gewinnschwelle erreicht ist, wenn die Kosten gleich dem Umsatz sind. Die Break-Even-Analyse berechnet bei einem festgelegten Preis die Absatzmenge, die zum Erreichen der Gewinnschwelle notwendig ist. Die kritische Absatzmenge ist dann erreicht, wenn der Deckungsbeitrag den fixen Kosten entspricht. Ab diesem Zeitpunkt kann das Rundfunkunternehmen Gewinn erwirtschaften. Die notwendigen Gewinnüberlegungen lassen sich dadurch in die Break-Even-Analyse integrieren, dass die Kosten sowie der geforderte Gewinn dem Umsatz gleichgesetzt werden (Bruhn 2009, S. 177). Zur Festlegung des optimalen Preises für die Werbezeiten werden die bei bestimmten Absatzmengen erreichbaren Marktpreise den kritischen Absatzmengen gegenübergestellt. Im Anschluss daran kann für die optimale Absatzmenge bei Berücksichtigung der aktuellen Werbemarktsituation der beste Preis festgelegt werden.

Während sich diese Methode nur auf die Bestimmung der Vorteilhaftigkeit unterschiedlicher Preise bezieht, kann mit der Marginalanalyse ein Preisoptimum bei definierten Funktionsverläufen bestimmt werden (Diller 2008, S. 337 ff.). Das **Verfahren der marginalanalytischen Preisbestimmung** ist anwendbar, wenn im Rundfunkunternehmen die Zusammenhänge zwischen der Preishöhe und den preispolitischen Zielgrößen Absatzmenge, Umsatz, Gewinn sowie Rentabilität bekannt sind. Dann können durch die Maximierung der vorgegebenen Zielfunktion mit Hilfe der Differenzialrechnung die Preise bestimmt und Überlegungen zur Optimierung der Zielgrößen vorgenommen werden. Um optimale Preise zu bilden, müssen im werbefinanzierten Rundfunkunternehmen die Verläufe solcher Funktionen, wie der Preis-Absatzfunktion, die Preiselastizität der Nachfrage, die

Umsatz- und Kostenfunktion bekannt sein (ausführlich dazu Bruhn 2009, S. 183).

Bei der **Preis-Absatzfunktion** fließt die Nachfrage direkt in die Preisbestimmung ein. Sie bildet den funktionalen Zusammenhang zwischen der Höhe des Angebotspreises für Werbezeit und der erwarteten Absatzmenge an Werbesekunden ab. Sie ist eine Marktreaktionsfunktion, weil die Reaktion der Werbekunden auf die durch das Rundfunkunternehmen festgelegten Werbepreise abgebildet wird. Unter normalen Bedingungen führen steigende Werbepreise zu sinkenden Absatzmengen und umgekehrt.

In einer Wirtschaftskrise verringert die werbungtreibende Industrie ihre Werbeausgaben. Die Werbeausgaben für das Medium Radio wuchsen zu Beginn des Jahres 2009 um 5,5 Prozent. Die Fernsehsender dagegen verzeichneten ein Minus an Werbeeinnahmen von 4,7 Prozent (Holst 2009, S. 16).

Die **Preiselastizität der Nachfrage** gibt die Reaktion der Werbekunden (abgesetzte Menge an Werbesekunden) auf eine Änderung des Werbepreises wieder. Dabei wird die relative Mengenänderung einer relativen Preisänderung gegenüber gestellt (Bruhn 2009, S. 184). Mit Hilfe der Preiselastizität kann das Rundfunkunternehmen feststellen, wie eine bestimmte Preisänderung den Umsatz beeinflusst. Die Preiselastizität ist meistens negativ, weil die Nachfrager auf eine Preissenkung mit einer Nachfrageerhöhung reagieren (und umgekehrt). Die Preiselastizität der Nachfrage wird darüber hinaus durch so genannte Elastizitätsdeterminanten beeinflusst (Monroe 2003). Zu ihnen zählen die Verfügbarkeit von Substituten und ihre Vergleichbarkeit, die Dringlichkeit der Bedürfnisse sowie der Preis des Produktes.

Werbefinanzierte Rundfunkunternehmen müssen die beschriebenen Funktionsverläufe kennen, um gewinnoptimale Preise mit Hilfe der marginalanalytischen Methode zu berechnen. Dieses Verfahren geht auch von der Annahme aus, dass sich die Nachfrager rational verhalten. Weder verhaltensrelevante Faktoren noch die Beeinflussung der Werbekunden durch den Einsatz weiterer Marketinginstrumente werden berücksichtigt.

Die nachfrageorientierte Preisbestimmung ist eng mit der Kapazitätsauslastung der bestehenden Werbezeit verbunden. Deutsche Privatsender schöpfen mehr als 60 Prozent ihres Umsatzpotenzials nicht aus (Geisler 2001, S. 219). Selbst hochwertige Formate, wie „Dr.

House" und „Deutschland sucht den Superstar", sind nicht komplett ausgelastet (Campillo-Lundbeck 2009, S. 36). Deshalb nutzen werbefinanzierte Radio- und Fernsehsender zur optimalen Preisbestimmung verstärkt das **Yieldmanagement**. Der Grundgedanke besteht darin, die Werbekunden entsprechend ihrer Zahlungsbereitschaft (oftmals werden auch Kriterien wie Buchungsvolumen, Zahlungsmoral, Buchungs- und Stornierungsverhalten sowie zukünftiges Ertragspotenzial herangezogen) so zu segmentieren, dass der Preis für einzelne Werbeplätze optimiert und somit der Umsatz maximiert werden kann. Den entsprechend ihrer Präferenzen und ihres Kundenwertes in Gruppen segmentierten Werbekunden werden Werbeleistungen zu differenzierten Preisen angeboten. Voraussetzung dafür ist die **Kontingentbildung**, bei der die gesamte Werbezeitkapazität in Teilkapazitäten zerlegt wird, für die im Anschluss Preisklassen (Tarifgruppen) zu bilden sind (Corsten/Stuhlmann 1999, S. 85). Die Teilkapazität ist in jeder Preisklasse so gestaltet, dass die dort angebotenen Werbezeiten in einem relativ gleichen Programmumfeld eingebettet sind und relativ konstante Reichweiten erzielt werden können. TV-Sender verbinden damit das Ziel, die Tausend-Kontakt-Preise (TKPs) in unterschiedlichen Programmen und zu bestimmten Sendezeiten zu harmonisieren (Gläser 2008, S. 533).

Im Sinn eines „value based pricing" wird beim Yieldmanagement ein Preis gebildet, der dem Grenznutzen für die gewünschte Werbezeit des jeweiligen Werbekundensegmentes entspricht und dessen Preisbereitschaft ausschöpft. Wichtig ist, dass die einzelnen Segmente wirkungsvoll voneinander abgeschottet sind, um so den kumulierten Werbeerlös pro Zeiteinheit zu maximieren. Dazu benötigt man ein integriertes Informationssystem (Buchungs- und Optimierungssystem), welches eine dynamische Preis-Mengen-Steuerung zur gewinnoptimalen Nutzung der Kapazitäten gewährleistet (Meffert et al. 2008, S. 522).

Geisler (2001, S. 224) hat bei der praktischen **Anwendung des Yieldmanagement** im werbefinanzierten Radio und Fernsehen folgende Möglichkeiten identifiziert:

Einbuchungs- und Umbuchungsflexibilität: Je höher der Preis, desto kurzfristiger kann der Werbekunde eine Neubuchung abgeben bzw. seinen Spot umbuchen.

Platzierungsflexibilität: Je höher der Preis, desto genauer darf der Werbekunde den Platz seines Spots in einer Sendung und innerhalb des Werbeblocks bestimmen.

Spotgestaltungsflexibilität: Je höher der Preis, desto mehr Einfluss darf der Werbekunde auf die Länge seiner Spots und deren Anzahl in einem Werbeblock nehmen.

TKP-Garantien: Ab einer bestimmten Preisklasse werden die Quoten den Werbekunden garantiert und bei Nichterfüllung durch zusätzliche Spotsendungen bzw. Gutschriften ausgeglichen.

Unter den komplizierten Bedingungen eines zweigeteilten Absatzmarktes reicht es für die optimale Werbezeitenpreisbildung nicht aus, nur die beschriebenen Verfahren zur Preisbestimmung zu nutzen. Den bestmöglichen Preis für die Werbeleistungen kann das werbefinanzierte Rundfunkunternehmen bilden, wenn gleichzeitig die Determinanten der Preisbildung analysiert und in den Preisentscheidungsprozess integriert werden.

Werbefinanzierte Rundfunk-, insbesondere TV-Sender, stehen vor dem Problem, dass die Preise für die Werbezeiten mindestens ein Jahr im Voraus festgelegt werden müssen. Viele von den behandelten Einflussfaktoren (vgl. Kapitel 10.1) auf die Preisbildung, insbesondere die Reichweite, sind vor der Ausstrahlung des Programms bzw. der Werbespots nicht bekannt. Sie müssen aufgrund von Schätzungen und Prognosen in den Preisbildungsprozess integriert werden. Zu den wichtigsten Schritten, die bei der **praktischen Preisbildung im werbefinanzierten Fernsehen** zu durchlaufen sind, zählen:

Zielgruppenspezifische Reichweitenprognose für den Gesamtmarkt: Sie bildet den Ausgangspunkt für die Preisliste im nächsten Kalenderjahr. Die Reichweiten, im Bezug auf den Gesamtmarkt, veränderten sich in den letzten Jahren nur marginal, so dass sie sich gut zur Fortschreibung in das Planungsjahr eignen. Je nach gewünschter Stabilität der Ergebnisse wird auf Vergangenheitsdaten zwischen einem und drei Jahren zurückgegriffen. Die zielgruppenspezifische Gesamtmarktreichweite erhält man durch Summation der zielgruppenspezifischen Reichweiten aller Sender. Für die Prognose der Gesamtmarktreichweite ist ein Kalendertag in geeignete Zeitabschnitte (z. B. 15-Minuten-Abschnitte) einzuteilen. Die Gesamtmarktprognose berücksichtigt die habitualisierte, die wochentagsspezifische und die saisonale Fernsehnutzung.

Aufteilung der Gesamtmarktreichweiten auf die Sender: Im Gegensatz zur Fernsehnutzung insgesamt kann aus den in der Vergangenheit erzielten Marktanteilen kein Trend berechnet werden, weil sie vom konkreten Programm abhängen, welches zum Prognosezeitpunkt noch nicht genau feststeht. Deshalb nehmen die Programmverantwortlichen des Senders eine Abschätzung der Erfolgsaussichten von bereits feststehenden bzw. erwarteten Formaten auf den jeweiligen Sendeplätzen im Werbeinsel-Programmschema vor. Oft werden für diese Marktanteilsschätzung einfache Durchschnittswerte der Marktanteile des vergangenen Zeitraumes herangezogen.

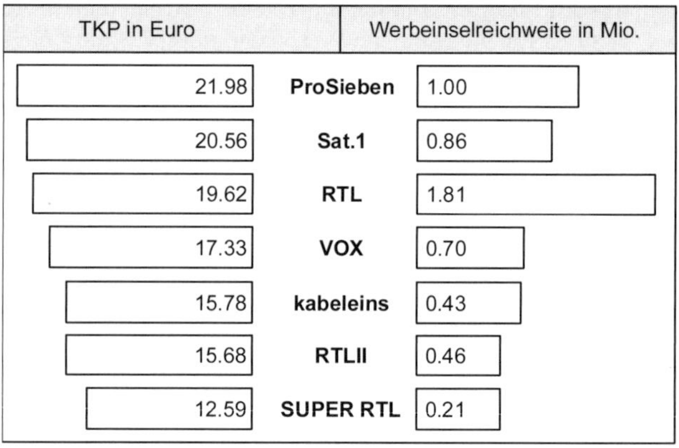

TKP in Euro		Werbeinselreichweite in Mio.
21.98	**ProSieben**	1.00
20.56	**Sat.1**	0.86
19.62	**RTL**	1.81
17.33	**VOX**	0.70
15.78	**kabeleins**	0.43
15.68	**RTLII**	0.46
12.59	**SUPER RTL**	0.21

Abbildung 2: Durchschnittliche Werbeinselreichweiten und Tausend-Kontakt-Preise, 20.00 bis 23.00 Uhr, Erwachsene 14 bis 49 Jahre, Januar 2009 (www.ip-deutschland.de 2009)

Die Abbildung 2 dokumentiert die erzielten Reichweiten und die TKP werbefinanzierter Fernsehsender im Januar 2009.

Ableitung der Preise über den TKP: Aus den prognostizierten Reichweiten müssen anschließend die Preise für die Werbeschaltung innerhalb der betrachteten Zeitabschnitte festgelegt werden. Neben einer Orientierung am marktüblichen TKP für bestimmte Zielgruppen erfolgt ein Rückgriff auf Daten aus der Vergangenheit, aus denen zunächst der neue TKP ermittelt wird. Die Höhe des TKP wird von der Zielgruppe, der Sendezeit, dem Wochentag und dem Sendemonat determiniert. Der TKP beschreibt nicht nur die Relation von Preis und Reichweite. Er kennzeichnet gleichzeitig die Qualität der

Zielgruppe, ihre Aufnahmebereitschaft für die Werbebotschaft und den situativen Kontext der Programmrezeption. Die Preise für die Werbezeiten erhält man schließlich durch die Multiplikation von prognostizierter Reichweite und ermitteltem TKP.

Preisgruppierung: Bei der Preisberechnung für ein Fernsehjahr für nur eine Zielgruppe ergeben sich 35.040 potenziell verschiedene Zielpreise, wenn der Fernsehtag in Viertelstundenabschnitte eingeteilt wird. Eine derartige Preisliste wäre auf dem Werbekundenmarkt nicht kommunizierbar. Programmveranstalter versuchen, den Wünschen der Mediaagenturen nach Kostentransparenz entgegen zu kommen, indem sie ihre Preislisten nahezu identisch gestalten.

Die Herausforderung besteht darin, die große Menge unterschiedlicher Zielpreise zu etwa 60 Tarifgruppen zusammenzufassen und diese einem Wochenraster zuzuordnen. Zu Tarifgruppen werden solche Werbeblöcke zusammengefasst, die in gleiche oder ähnliche Programmumfelder eingebettet sind und somit ähnliche Reichweitenniveaus für bestimmte Zielgruppen erwarten lassen. Die Gruppierung hat so zu erfolgen, dass die Differenz zwischen den Preisgruppen und dem ursprünglichen Zielpreis so gering wie möglich gehalten wird. Praktisch ist diese Gruppierung realisierbar, indem zunächst für jeden der 672 Viertelstundenzeitabschnitte einer Fernsehwoche (4 Viertelstunden pro Stunde mal 7 Wochentage) ein monatlicher Durchschnittspreis berechnet wird.

Anschließend werden die so entstandenen 672 Werte sortiert und in etwa 60 Tarifgruppen eingeteilt. Bei dieser Umverteilung ist auch die Umsatzrelevanz unterschiedlicher Tagesabschnitte zu berücksichtigen. Werbeblöcke, die nachts und vormittags ausgestrahlt werden, tragen relativ wenig zum Gesamtumsatz des Senders bei. Deshalb werden für diese Zeiten die Preisgruppen gröber strukturiert (Stollberg 1998, S. 33). Auf der Basis des berechneten TKP werden nicht nur die Preislisten für die klassischen Werbeblöcke sondern auch für die Sonderwerbeformen entwickelt.

10.3 Konditionen

Zu den Konditionen zählen alle preispolitischen Instrumente, die neben dem Preis Gegenstand vertraglicher Vereinbarungen über das Entgelt für Werbezeiten sind. Konditionen, zu denen Radio- und Fernsehsender ihre Werbeplätze verkaufen, beeinflussen den von Werbekunden zu zahlenden Endpreis. Aus diesem Grund müssen nach der Preisbestimmung Entscheidungen hinsichtlich der Gestaltung der Rabatte sowie der Lieferungs- und Zahlungsbedingungen getroffen werden.

Der einmal von einem Rundfunkunternehmen festgelegte Preis kann durch die Gewährung von verschiedenen Rabatten nachträglich modifiziert werden. **Rabatte** sind Preisnachlässe, die für eine bestimmte Leistung des Abnehmers gewährt werden und mit dem Produkt in unmittelbarem Zusammenhang stehen (Pechtl 2005, S. 198).

Mit Hilfe der **Rabattpolitik** kann anhand bestimmter Kriterien sofort oder später der einmal festgelegte Preis herabgesetzt werden. Grundsätzlich ist der Einsatz von Rabatten nur dann sinnvoll, wenn für die abzusetzende Leistung ein definierter Preis besteht, von dem sich der Verkäufer abheben möchte. Rabatte stellen somit ein wirksames Hilfsmittel im persönlichen Verkauf dar. Im werbefinanzierten Rundfunk kommen vorwiegend folgende **Rabatte** zum Einsatz (Karstens/Schütte 2005, S. 267):

Mengenrabatt: Ein TV-Sender gewährt je nach Brutto-Gesamt-Werbevolumen eines einzelnen Auftrages einen Preisabschlag (z. B. 2 Prozent ab 2,5 Mio. €, 4,5 Prozent ab fünf Mio. €). Ein Radiosender bietet seinen Rabatt auf den Bruttopreis in Abhängigkeit von der Menge der gebuchten Sendesekunden (z. B. bei 750 Sekunden 1 Prozent, bei 10.000 Sekunden 10 Prozent) an. Die Höhe des Mengenrabattes wird bereits mit der Preisliste veröffentlicht. Mengenrabatte können auch bei der Nutzung von Kombiangeboten gewährt werden. Da die meisten Werbezeitenvermarkter die Werbezeiten mehrerer Radio- bzw. TV-Sender verkaufen, können sie senderübergreifende Mengenrabatte geben.

Im Hörfunk gibt es neben der Rabattierung nach Mengengrößen auch eine nach Umsatzgrößen in Form eines Bonusprogramms. Erreicht der Werbekunde am Ende der Abrechnungsperiode einen bestimmten Umsatzwert, erhält er hierfür eine Belohnung in Form nichtmaterieller oder materieller Zuwendungen oder Vergünstigungen (Theuner 2000, S. 226).

Konzernrabatt: Er hat für alle einem Werbekundenkonzern zugehörigen Unternehmen Gültigkeit und wird per Rabattvereinbarung mit dem Sender festgelegt. In Abhängigkeit von der Konzerngröße und dem Buchungsvolumen wird ein Rabattkonzern in einer Höhe zwischen 3 bis 10 Prozent des Bruttopreises gewährt.

Agenturrabatt: Er wird zwischen dem Sender und der Mediaagentur vereinbart und beträgt in der Regel 15 Prozent, kann aber auch in Abhängigkeit von der Größe und Bedeutung der Agentur variieren. Weit verbreitet sind **Kickbacks** (Naturalrabatte). Es handelt sich um Freiwerbespots, die den Werbeagenturen von Rundfunkunternehmen gewährt werden.

Auftragsrabatt: Gewährt wird diese Rabattform, um Neukunden zu akquirieren und ihnen den Einstieg in den TV-Werbemarkt zu erleichtern, zusätzliche Anreize bei schlechter Auftragslage zu geben oder um Standby-Buchungen zu verkaufen, die bei kurzfristig entstehenden Lücken in den Werbeblöcken gesendet werden.

Last-Minute-Rabatt: Er wird für die kurz entschlossene Buchung nicht absetzbarer bzw. kurzfristig frei werdender Werbeplätze gewährt.

Naturalrabatt: Es handelt sich um die kostenlose Ausstrahlung von Werbespots, wenn der Sender den in den Konditionen ausgehandelten Ziel-TKP nicht erreicht. Diese Freischaltungen erfolgen solange, bis im Durchschnitt der vereinbarte und garantierte TKP für die Buchung erzielt wurde.

Insgesamt können sich die unterschiedlichen Rabatte und die vom Sender gezahlten Agenturprovisionen auf bis zu 50 Prozent des Brutto-Preises summieren. Bereits 2007 war der Unterschied zwischen dem Brutto- und dem Nettowerbepreis beträchtlich. Beim Fernsehen wurden die Bruttowerbebeeinnahmen mit 8 Milliarden € beziffert. Die tatsächlich realisierten Nettowerbeeinnahmen beliefen sich auf 4,1 Milliarden € (Urbe 2009, S. 17).

Lieferungs- und Zahlungsbedingungen sind in den Geschäftsbedingungen des Senders bzw. seines Vermarkters festgeschrieben und legen den Inhalt sowie das Ausmaß der vom Rundfunkunternehmen zu erbringenden Leistungen fest. In den Konditionen von Free-TV-Sendern werden insbesondere folgende Dinge festgelegt:

- zuständiger Vertragspartner und Zeitpunkt des Vertragsabschlusses,

- Platzierung der Werbung und Rücktrittsmöglichkeiten,

- Rücktritts- und Zurückweisungsmöglichkeiten von Sendeaufträgen,

-   Zeitraum der Abwicklung und der Änderung vereinbarter Sende-
    zeiten sowie Programmänderungen,
-   Presse-, Wettbewerbs- und urheberrechtliche Verantwortung des
    Auftraggebers,
-   Bereitstellung und Qualität von Sendeunterlagen und Sendemate-
    rialien,
-   Preisänderungen und Haftung des Senders bzw. Vermarkters.

Zahlungsbedingungen beinhalten, zu welchem Zeitpunkt die gebuchten Leistungen in Rechnung gestellt werden, wann die Zahlung
fällig wird, in welchem Zeitraum Skonto gewährt wird und durch
welches Verfahren die Zahlung getätigt werden soll. Außerdem müssen die speziellen Bedingungen für Zahlungsvorgänge festgelegt
werden, die sich aus kurzfristigen Änderungen der Auftragsdaten
ergeben. El Cartel Media, der Werbezeitenvermarkter von RTL II,
hat beispielsweise in seinen Geschäftsbedingungen festgeschrieben,
dass die Vergütung für die Ausstrahlung der Werbung grundsätzlich
monatlich im Voraus auf Basis des in Auftrag gegebenen Werbevolumens zu bezahlen ist (elcatel.de 2009). Bei regelmäßigen Geschäftsbeziehungen werden oftmals für den Kunden lukrative Zahlungsbedingungen (Sonderkonditionen) vereinbart.

Innerhalb der Konditionen des werbefinanzierten Rundfunks haben
Umtausch- und Rücktrittsmöglichkeiten eine herausragende
Bedeutung. Insbesondere geht es um die Stornierungsfrist für bereits
gebuchte Werbezeiten. In der Regel haben die Werbekunden die
Möglichkeit, 6-8 Wochen vor der ersten Ausstrahlung den Auftrag zu
stornieren. In Einzelfällen werden bis zu drei Wochen vor der Ausstrahlung Rücktrittsmöglichkeiten gewährt. Umbuchungen sind meist
bis zu 10 Tagen vor der Ausstrahlung des Spots möglich.

Neben der Stornierungsfrist sind die **TKP-Garantien** für die Werbekunden sehr wichtig. Dabei garantiert der Rundfunksender dem
Kunden, dass innerhalb eines bestimmten Buchungszeitraumes oder
innerhalb einer Kampagne ein vorher ausgehandelter TKP nicht
überschritten wird. Falls nun die gebuchten Werbeinseln von weniger
Zuschauern rezipiert werden als ursprünglich erwartet, gewährt der
Sender solange kostenlose Spot-Schaltungen, bis der garantierte Ziel-
TKP erreicht ist. TKP-Garantien wirken sich positiv auf den Verkauf
von Werbezeiten aus, da praktisch eine Risikofinanzierung für den
Werbekunden erfolgt.

Jedoch können dem Rundfunksender Kapazitätsprobleme entstehen, weil für eventuell notwendig werdende Freischaltungen extra Werbezeiten freizuhalten sind. TKP-Garantien sind ein Instrument, um Vertrauen aufzubauen. Für den Anbieter entsteht ein doppeltes Risiko: Er muss für den Kunden eventuell mehr Spots ausstrahlen als dieser bezahlt hat und er verliert durch das Freihalten von Werbezeiten Einnahmen. 2008 hat der Senderverbund Radio NRW seine TKP-Garantie aufgegeben. Bis dahin orientierte man sich am Abschneiden in der Mediaanalyse (MA) und passte die absoluten Spotpreise je nach MA nach oben oder unten an, um den vereinbarten TKP stabil zu halten. Dieses einmal pro Jahr genutzte Instrument erwies sich als zu starr, weil auf aktuelle Marktveränderungen nicht kurzfristig reagiert werden konnte. Die konkurrierende WDR Media Gruppe hat sich diese Unflexibilität von Radio NRW im Herbst 2007 zunutze gemacht und die Tarife für Eins Live (nach Hörergewinnen) sowie für WDR 2 (nach Hörerverlusten) außerplanmäßig angepasst (www.horizont.net 2008)

Aufgaben

1. Warum kommt die Preispolitik nur im Werbemarkt zur Anwendung?

2. Welche Besonderheiten müssen werbefinanzierte Rundfunkunternehmen bei ihren Preisentscheidungen berücksichtigen?

3. Erläutern Sie, welche rezipientenmarktspezifischen Faktoren die Preisbildung eines Radiosenders beeinflussen!

4. Erläutern Sie das Ziel der kostenorientierten Preisbestimmung! Gehen Sie dabei auf die Voll- und Teilkostenrechnung ein!

5. Was wird unter einer wettbewerbsorientierten Preisbestimmung verstanden und warum muss die Marktform dabei berücksichtigt werden?

6. Worin sehen Sie die Ursachen für Preiskriege zwischen werbefinanzierten TV-Sendern? Wie schätzen Sie die derzeitige Situation ein?

7. Was verstehen Sie unter Yieldmanagement und mittels welcher Grundprinzipien wird es im werbefinanzierten Rundfunk umgesetzt?

8. Welche Konditionen bieten werbefinanzierte Rundfunksender ihren Werbekunden?

9. Erklären Sie die Funktionsweise einzelner Rabatte! Welche Bedeutung haben Rabatte für die Gestaltung der Preispolitik?

10. Diskutieren Sie die Vor- und Nachteile der Gewährung einer TKP-Garantie!

Literatur

Bruhn, M.: Marketing. 9., überarb. Aufl., Wiesbaden 2009

Campillo-Lundbeck, S.: Beharren auf alten Werten, in: Horizont, Heft. 11, S. 36

Clef, U.: Erfolgsfaktor Preis, in: Clef, U. (Hrsg.): Handbuch Radio Marketing, München 1995, S. 189-192

Corsten, H.; Stuhlmann, S.: Yieldmanagement als Ansatzpunkt für die Kapazitätsgestaltung von Dienstleistungsunternehmen, in: Corsten, H./Schneider, H. (Hrsg.): Wettbewerbsfaktor Dienstleistung, München, 1999, S. 79-107

Diller, H.: Preispolitik, 4., vollst. neu bearb. u. erw. Aufl., Stuttgart 2008

Dintner, R.: Controlling im werbefinanzierten Medienunternehmen, in: Brösel, G./ Keuper, F. (Hrsg.): Medienmanagement. Aufgaben und Lösungen, München, Wien 2003, S. 171-183

Geisler, R.: Controlling deutscher TV-Sender. Fernsehwirtschaftliche Grundlagen - Stand der Praxis - Weiterentwicklung, Wiesbaden 2001

Groenveld, E./Averding, A.: Digitale Innovationen auf dem Werbemarkt, München 2008

Gutenberg, E.: Grundlagen der Betriebswirtschaftslehre, Bd. II: Der Absatz, 17. Aufl., Berlin 1984

Holst, J.: Taktik gewinnt stark an Boden, in: Horizont, Nr. 8, 2009, S. 16

Homburg, C./Krohmer, H.: Marketingmanagement: Strategie - Instrumente – Umsetzung - Unternehmensführung, 2. Aufl., Wiesbaden 2006

Hoppe, W.: TV-Werbung, die verkauft, in: SevenOne Media: TV Wirkung, Unterföhring 2008, S- 43-50

Karstens, E./Schütte, J.: Praxishandbuch Fernsehen. Wie TV-Sender arbeiten, Wiesbaden 2005

Köcher, A.: Medienmanagement als Kostenmanagement und Controlling in: Karmasin, M./Winter, C. (Hrsg.): Grundlagen des Medienmanagements, München 2000, S. 219-243

Meffert, H./Burmann, C./Kirchgeorg, M.: Marketing. Grundlagen marktorientierter Unternehmensführung. Konzepte – Instrumente - Praxisbeispiele, 10., vollst. überarb. u. erw. Aufl. , Wiesbaden 2008

Monroe, K. B.: Pricing – Making Profitable Decisions, 3. Aufl., New York 2003

Pechtl, H.: Preispolitik, Stuttgart 2005

Rott, A.: Werbefinanzierung und Wettbewerb auf dem deutschen Fernseh-markt, in: Schriften zu Kommunikationsfragen, Bd. 35, Berlin 2003

Paperlein, J.: Sender streiten um kleinen Kuchen, in: Horizont, Nr. 8, 2009, S. 25

Stollberg, M: Preismodell für Werbepreise privater Fernsehveranstalter, Ilmenau 1998

Theuner, G.: Rabattpolitik als preiswirksamer Bestandteil der Konditionen-politik, in: Pepels, W./Birker, K. (Hrsg.): Preis- und Konditionenpolitik, Köln, S. 217-228

Urbe, W.: Werbung im TV steht unter Preisdruck, in: VDI Nachrichten, 13.03.2009, S. 17

Weidling, C.: Leben in der Werbepause, Halle/S. 2007

Links:

www.dwdl.de: Medienmagazin

www.elcartel.de

www.horizont.net

www.ip-deutschland.de

www.prosiebensat1.com

www.tvspielfilm.de: Fernsehzeitschrift

11 Kommunikationspolitik im Rezipienten-markt

Die Zuschauer- bzw. Hörerkommunikation ist auf den Rezipienten-markt ausgerichtet. Sie ist notwendig, da Programme der verschiedenen Sender oft als ähnlich oder gar austauschbar empfunden werden. Die Situation auf dem Rezipientenmarkt gleicht einem **Käufermarkt**, d. h. die Zahl der Angebote überschreitet die Nachfrage. Die Zuschauer und Hörer sind nicht auf bestimmte Sender angewiesen. Sie können sowohl zur Information als auch zur Unterhaltung aus vielen Senderangeboten wählen. Es gelingt den Unternehmen der Rundfunkbranche nur durch eine entsprechende Kommunikation, die produzierten Inhalte an die gewünschte Zielgruppe zu vermitteln.

Das **Ziel der Kommunikationspolitik** besteht darin, den Sendungen des werbefinanzierten Rundfunkunternehmens ein Profil zu verleihen. Meinungen, Einstellungen, Erwartungen und Verhaltensweisen der Rezipienten sollen positiv beeinflusst werden (Gläser 2008, S. 535).

Hinsichtlich der Art der Kommunikation unterscheidet man zwischen **direkter** (Face-to-Face) und **indirekter** (medialer) **Kommunikation**. Abhängig davon, ob zwischen dem Sender und Empfänger die Möglichkeit einer Rückkopplung besteht, wird auch von **einseitiger** oder **zweiseitiger Kommunikation** gesprochen (Bruhn 2007, S. 345 ff.).

Die indirekte mediale Kommunikation dominiert die Aktivitäten der Sender im Rezipientenmarkt. Spots, Plakate, Anzeigen usw. richten sich an ein breit gestreutes Publikum. Durch die Einbeziehung der Möglichkeiten neuer Medien, wie z. B. Communities und Chats über die Homepage des Senders, versuchen Rundfunkunternehmen mit den Rezipienten in den Dialog zu treten, d. h. eine zweiseitige Kommunikation aufzubauen.

Die **Ziele der rezipientengerichteten Kommunikationspolitik** bestehen in der Steigerung der Bekanntheit des Rundfunkunternehmens und seiner Angebote, im Aufbau eines positiven Images und in der Positionierung des Programms als attraktives Angebot (Schumann/Hess 2006, S. 77).

Kommunikationspolitische Maßnahmen eines werbefinanzierten Rundfunkunternehmens sollen die Profilierung des Senders und seiner Produkte im Rezipientenmarkt unterstützen. Sie dienen dazu, die Meinungen, Einstellungen, Erwartungen und Verhaltensweisen der

Zuschauer und Hörer entsprechend den Zielsetzungen des Unternehmens zu beeinflussen. Ein Rundfunkunternehmen kann, bezogen auf die Zuschauer bzw. Hörer, psychologische und ökonomische Ziele verfolgen.

Psychologische Ziele richten sich z. B. auf die Steigerung des Bekanntheitsgrades bestimmter Produkte oder des Senders, die Veränderung von Meinungen und Einstellungen zum Unternehmen und seinen Produkten sowie die Übermittlung von Informationen über das Rundfunkunternehmen und seine Leistungen. Die Zielsetzungen lassen sich den folgenden psychologischen Wirkungskategorien zuordnen (in Anlehnung an Bruhn 2007, S. 171 f.):

Kognitiv orientierte Ziele unterstützen die Wahrnehmung, Kenntnis und Erinnerung sowie das Verständnis von Angeboten des Rundfunkunternehmens, indem sie die Informationsaufnahme, -verarbeitung und -speicherung steuern. Kampagnen, wie beispielsweise „Fernsehen für die tollsten Menschen der Welt: Männer" von DMAX, dienen dazu, die Bekanntheit des Senders und seiner Leistungen in der gewünschten Zielgruppe herzustellen, zu stabilisieren und zu steigern. Das sind die Voraussetzungen dafür, dass dem Rezipienten in der Entscheidungssituation die Angebote des Rundfunkunternehmens bekannt sind (**Evoked Set**).

Affektiv orientierte Ziele verfolgen die individuelle und emotionale Positionierung und Abgrenzung des Angebots bzw. des Senders von der Konkurrenz. Claims, wie z. B. „We love to entertain you" von ProSieben sollen dazu beitragen, bei den Rezipienten bestimmte Präferenzen, Einstellungen und Images (ProSieben – der Unterhaltungssender) aufzubauen.

Konativ orientierte Ziele dienen dazu, beim Rezipienten bestimmte Handlungen auszulösen. Das Fernseh- bzw. Hörverhalten soll beeinflusst werden. Die Rezipienten werden motiviert, neue Sendungen einzuschalten oder eingeblendete Hotline-Rufnummern anzurufen.

Die optimale Ansprache der Rezipienten erfolgt über die Kombination der verschiedenen psychologischen Wirkungskategorien. Wird z. B. mittels „We love to entertain you" ein Image als Unterhaltungssender aufgebaut, entscheiden sich die Zuschauer bei der Suche nach Unterhaltung eventuell für eine auf ProSieben angebotene Sendung und schalten ein.

Psychologische Ziele sind im Rahmen der Kommunikation meist Zwischenziele, die langfristig dazu beitragen sollen, **ökonomische Ziele** zu erreichen. Diese sind über Größen, wie z. B. den angestrebten Umsatz oder Marktanteil, quantifizierbar.

Für werbefinanzierte TV- und Radiosender erscheint der Einsatz folgender Kommunikationsinstrumente aufgrund der Ansprache eines breiten Publikums zum Erreichen ihrer Ziele sinnvoll (in Anlehnung an Bruhn 2007a, S. 204): Eigenwerbung, Verkaufsförderung, Public Relations, Events und Sponsoring.

11.1 Eigenwerbung

Klassische Werbung beschreibt den kommunikativen Beeinflussungsprozess mithilfe von Massenkommunikationsmitteln in verschiedenen Medien. Das Ziel besteht darin, beim Adressaten marktrelevante Einstellungen und Verhaltensweisen im Sinne der Unternehmensziele zu verändern (Schweiger/Schrattenecker 2005, S. 105).

Tabelle 1: Überblick über die Platzierung und die Zielgruppe von Eigenwerbung

Eigenwerbung platziert ...	anvisierte Rezipienten
im eigenen Programm	bestehende
im Programm der Senderfamilie	bestehende und potenzielle
in anderen Medien	bestehende und potenzielle

Als **Eigenwerbung** wird die Werbung eines TV- oder Radiosenders im eigenen oder fremden Programm sowie in anderen Medien bezeichnet. Sie dient dazu, die Bekanntheit des Senders zu erhöhen oder sein Image zu verbessern. Das Instrument der Eigenwerbung ermöglicht dem Rundfunkunternehmen, sich so zu positionieren, dass sich das angebotene Programm in der Wahrnehmung der Rezipienten wesentlich von dem der Konkurrenz unterscheidet. Eigenwerbung kann sich sowohl an potenzielle als auch an bereits gebundene Rezipienten richten (siehe Tabelle 1). Bei letzteren sorgt sie für die Bindung an den Sender, indem sie bisheriges Verhalten bestärkt und die wiederholte Nutzung bestehender Sendungen sowie den Test neuer Angebote fördert. Im Hinblick auf die potenziellen Rezipienten erfüllt sie dagegen eine akquisitorische Funktion. Durch die Eigenwerbung sollen neue Zuschauer bzw. Hörer für das eigene Programm gewonnen werden.

Im TV- und Radiobereich kann sowohl der eigene Sender als auch ein anderes Medium als Träger der Eigenwerbung genutzt werden. **On-Air-Promotion** umfasst die gesamte Werbung für das Programm oder den Sender, welche die Rezipienten über den Rundfunk erreicht.

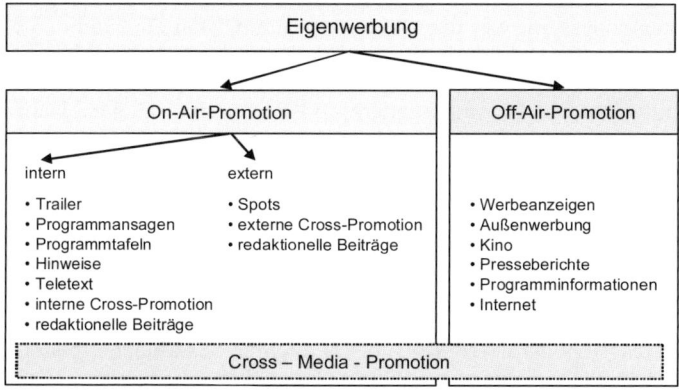

Abbildung 1: Kategorien und Formen der Eigenwerbung (erweitert in Anlehnung an Böhringer 2005, S. 76)

Meist wird unter **On-Air-Promotion** lediglich die interne Form verstanden (

Abbildung 1). Sie hat für die Eigenwerbung die größte Bedeutung, da innerhalb der eigenen Sendezeit für die eigenen Programmangebote bzw. den Sender selbst geworben wird. Sie verursacht über die Herstellungskosten hinaus keine weiteren Kosten und ist im Vergleich zur externen On-Air-Promotion und zur Off-Air-Promotion wesentlich kostengünstiger. Das Rundfunkunternehmen bestimmt über Umfang, Einsatz und Gestaltung der Eigenwerbung. TV- und Radiosender sind gegenüber anderen Unternehmen der Wirtschaft bessergestellt. Sie sichern sich in reichweitenstarken und teuren Medien eine andauernde Präsenz und Imagepflege, die für andere Unternehmen oder auch im Off-Air-Bereich bei vergleichbarer Wirkung sehr kostenintensiv wäre.

Eigenwerbung unterliegt nicht den gesetzlichen Werberegelungen. Theoretisch kann die Sendezeit unbegrenzt für die Werbung in eigener Sache verwendet werden. In der Praxis wird nahezu jede Unterbrechung des Programms für On-Air-Promotion genutzt. Dabei werden vorrangig Trailer eingesetzt.

Trailer sind vorproduzierte Hinweise in eigener Sache, die in der Regel in einer Standardlänge für Werbespots (10, 15, 30 oder 60 sec) gesendet werden (Holtmann 1999, S. 289). Sie gelten als eigenständige Sendungsform, bei der unter Verwendung von Ausschnitten aus Angeboten (z. B. Filmen) für das Programm bzw. den Sender selbst geworben wird. Trailer liefern in Spotform eine Vorschau auf das Programm des Rundfunksenders und lassen sich in die folgenden Kategorien unterscheiden (Böhringer 2005, S. 81 ff.):

Ein **Programm-Trailer** wirbt für eine konkrete Sendung. Es werden z. B. Filmausschnitte gezeigt und der Sendetermin wird genannt. Der **General-Trailer** dagegen bewirbt eine Sendereihe, Serie oder einen Sendeplatz, indem Ausschnitte aus verschiedenen Teilen einer Serie zusammengefasst ausgestrahlt werden. Er ist abzugrenzen vom **Multiple-Spot**, durch den Programmwerbung für mehrere Sendungen realisiert wird. Diese kann auf mehrere Sendungen desselben Sendeplatzes an unterschiedlichen Tagen hinweisen oder auch für aufeinander folgende Sendungen am selben Sendetag werben, wie für den Crime-Sonntag auf Sat1.

Teaser sollen neugierig auf nachfolgende Programminhalte machen und die Rezipienten dazu anregen, z. B. die Nachrichten zu hören, nachdem als Teaser zunächst die Schlagzeilen verlesen wurden. Sie sind relativ kurz, beginnen z. B. mit „Jetzt..." oder „Gleich..." und beziehen sich auf einzelne Sendungen.

Voice-Over und Video-Over werden in den Abspann einer Sendung integriert (Abspann-Trailer). Beim **Video-Over** erfolgt dies über Bildausschnitte der beworbenen Sendung in der Endsequenz einer anderen Sendung, die in einem aufgeteilten Bildschirm (Split-Screen) gezeigt werden. Ein **Voice-Over** ist der mündliche Hinweis auf eine andere Sendung in der Endsequenz einer laufenden Sendung.

Image-Trailer unterstützen die Imagebildung eines Senders. Sie zeigen, wie die Trailer im Rahmen der Kampagne "Achtung! Klassik Radio löst Träume aus" keinen direkten Bezug zum Genre des Programms. Dagegen stellen **Genre-Trailer** die Kompetenz eines Senders in einem bestimmten Genre in den Vordergrund, z. B. tele 5: „Wir lieben Kino".

Die **Station-ID** (identification = ID) kennzeichnet einen Rundfunksender durch einen Jingle (Tonfolge) oder Kurz-Spot. Bei Fernsehsendern werden sie mit einem Logo kombiniert und dienen, wie „Mein RTL", oft als Abgrenzung vor und nach einem Werbeblock. Sie stellen eine Sonderform des Image-Trailers dar, da sie zum Aufbau eines Markenbildes genutzt werden.

Die Effektivität von Trailern lässt sich schwer nachweisen. Allerdings erscheint die Wirkung sendungsbezogener Programm-Trailer auf das Wahlverhalten der Rezipienten eher nachvollziehbar und belegbar als die Wirkung von Image-Trailern.

Programmansagen, in denen eine Sprecherin auf den Inhalt der kommenden Sendezeit aufmerksam macht, sind die älteste Form der internen On-Air Promotion. Sie werden heute nur noch vereinzelt eingesetzt. Die Ankündigung von Programmangeboten erfolgt meist als persönlicher **Hinweis** des Nachrichtensprechers oder Moderators (Böhringer 2005, S. 78). Diese Hinweise werden auch als **Bumper** innerhalb einer Sendung vor einer Werbeunterbrechung eingesetzt. Die kurze, persönlich gesprochene Live-Ankündigung durch den Sprecher weist auf die nach der Werbung folgenden Inhalte der Sendung hin, um den Zuschauer im Programm des Senders zu halten (Holtmann 1999, S. 292).

Die **Programmtafel**, auf der die Reihenfolge zukünftiger Sendungen auf dem Bildschirm eingeblendet wird, ist eine weitere Möglichkeit der On-Air Promotion. Sie liefert eine Übersicht der Sendezeiten und Titel aufeinander folgender oder zusammenhängender TV-Sendungen. Aufgrund der einfachen und übersichtlichen Gestaltung ist sie für die Zuschauer eine effiziente Informationsquelle, die kaum Produktionskosten verursacht. Darüber hinaus bietet der **Teletext** der Fernsehsender die Möglichkeit der Information und Unterhaltung.

Cross-Promotion zählt auch zur Eigenwerbung. Hier wird innerhalb eigener Sendungen für ein anderes Angebot des Senders geworben. Beim Auftritt des Hauptdarstellers eines eigenproduzierten Spielfilms in einer Show des Senders handelt es sich um einen **Cross-Plug** (Holtmann 1999, S. 294) bzw. um **in-terne Cross-Promotion**.

Dagegen spricht man bei Werbung in einem anderen Sender, auch innerhalb der Senderfamilie, von **externer Cross-Promotion**. Sie steht neben der Werbung über **Spots** in einem anderen Radio- oder Fernsehsender für eine Form **externer On-Air Promotion**.

Redaktionelle Beiträge im Rahmen des eigenen Programms oder des Programms eines fremden Senders sind zusätzliche Möglichkeiten, interne oder externe On-Air-Promotion zu betreiben. Vorrangig werden von den Rundfunk- und Fernsehsendern **selbstreferenzielle Sendungen** zur Unterstützung der eigenen Programmhöhepunkte genutzt. Ein **Making of** berichtet über die Produktion eines eigenen Angebotes, z. B. einer Show oder eines Spielfilms. Es versucht, die Rezipienten aufmerksam und neugierig zu machen. Die Zuschauer empfinden diesen Blick in den Sender nicht als Werbung in eigener Sache, sondern eher als Service des Senders. Auch **Magazine** zu bedeutenden Sendungen stellen für den Zuschauer oder Hörer vor allem ein zusätzliches Angebot mit interessanten Hintergrundinformationen dar.

Unter **Off-Air Promotion** werden alle Aktivitäten zur Eigenwerbung zusammengefasst, die den Rezipienten nicht über den Rundfunk, sondern über fremde Medien erreichen. Die Begriffsabgrenzung ist in der Praxis nicht einheitlich. Oft wird auch zwischen der Werbung im eigenen Medium (On-Air-Promotion) und im fremden Medium (Off-Air-Promotion) unterschieden (Gläser 2008, S. 537).

Klassische Media-Werbung für einen Radio- oder Fernsehsender kann über **Werbeanzeigen** in Zeitungen und Zeitschriften sowie über Außenwerbung oder Spots im Kino erfolgen.

Im Rahmen der **Außenwerbung** werden zu einzelnen Programmhöhepunkten Plakate oder City-Lights-Poster an stark frequentierten Orten oder in bzw. an Verkehrsmitteln platziert. Sie dienen dazu, eine möglichst breite Öffentlichkeit anzusprechen und die Bekanntheit des Senders zu steigern.

Kinowerbung ist durch die Produktions- und Schaltkosten im Vergleich zu anderen Werbemöglichkeiten relativ teuer. Aufgrund der entspannten Atmosphäre im Kino kann sie große Aufmerksamkeit erzielen. Sie wird gezielt eingesetzt, um die Wirksamkeit von Kampagnen zu unterstützen. So wurde z. B. die Kampagne von tele 5 „Wir lieben Kino" u. a. durch Kinospots begleitet.

Weitere Formen der Off-Air Promotion sind **Presseberichte** über attraktive Sendungen z. B. in TV-Zeitschriften, TV-Beilagen und Tageszeitungen. Sie tragen dazu bei, die Aufmerksamkeit der Rezipienten auf das Angebot des Senders zu lenken und Interesse zu wecken. Dabei dient z. B. ein Fernsehtipp in der Tageszeitung vielen Zuschauern als glaubwürdige Orientierungshilfe.

Ausführliche **Programminformationen** werden vorrangig über Printmedien verbreitet. Mit ihrer Hilfe können sich Rezipienten über den Programmablauf, Sendungsinhalte und Hintergrundwissen informieren. Im Fernsehbereich geben die Sender diese Informationen in Form der **Programmfahne** an die einschlägige Presse (TV-Zeitschriften) weiter.

Informationen zum Programm werbefinanzierter Rundfunksender können über die neuen Medien des **Internet** verbreitet werden. Websites und E-Mails werden als Zusatzleistung und zur Darstellung des Angebots genutzt. Foren und Chats zu Formaten, wie „Germany's Next Topmodel", dienen dem Aufbau einer Community unter den Rezipienten und tragen zur Festigung der Bindung an den Sender bei.

In der Praxis besteht die Herausforderung darin, für die Eigenwerbung sowohl den Einsatz der unterschiedlichen Instrumente als auch der verschiedenen Medien so zu integrieren, dass eine optimale Ansprache der gewünschten Zielgruppe erfolgt.

Kabeleins begann im August 2007 die Kampagne für einen Mystery-Freitag. Das abgebildete Motiv wurde als Anzeige in Zeitschriften und Programmzeitungen geschaltet. Eine bundesweite Plakat- und Citylights-Kampagne wurde gestartet. Auf Infoscreens in U- und S-Bahn-Stationen sowie Fernbahnhöfen lief ein Trailer. Komplettiert wurde dieser Mix durch externe On-Air-Promotion, die auf ProSieben, Sat.1 und N24 ausgestrahlt wurde (www.dwdl.de 2007). Aufgrund der kreativen, inhaltlichen  und formalen Vernetzung unterschiedlicher Medien und Werbeträger bezeichnet man diese Form der Eigenwerbung auch als **Crossmedia-Promotion**.

11.2 Verkaufsförderung

Die Verkaufsförderung unterstützt die rezipientenorientierten Bemühungen werbefinanzierter Rundfunkunternehmen. Sie umfasst alle kommunikativen Maßnahmen, die kurzfristig Anreize zur Nutzung der Angebote des Senders bieten. Diese werden unterstützend parallel zu anderen Instrumenten eingesetzt. Die Maßnahmen haben Aktionscharakter, d. h. sie sind zeitlich begrenzt und punktuell ausgerichtet (Gläser 2008, S. 538 ff.). Das Verhalten der Zuschauer und Hörer soll unmittelbar beeinflusst werden.

Die **Ziele der Verkaufsförderung** bestehen in der kurzfristigen Erhöhung der Einschaltquoten, der Bekanntmachung und Profilierung neuer Sendungen und der verbesserten Information der Rezipienten. Die Verkaufsförderung wird ergänzend zu anderen kommunikativen Instrumenten eingesetzt, z. B. bei Einführungen neuer Formate.

Rezipientenorientierte Verkaufsförderung erfüllt die Funktionen Information (z. B. Broschüren als Downloads), Motivation (z. B. Gewinnspiele) und Verkauf (z. B. Werbegeschenke). Der Schwerpunkt liegt für Radio- und Fernsehsender auf der Motivation der Rezipienten zum Einschalten der Sendungen.

Maßnahmen der Verkaufsförderung finden sich sowohl im On-Air als auch im Off-Air Bereich. **On-Air Aktionen** laufen mit den Sendungen. Sie führen zur Aktivierung und Motivation der Zuschauer bzw. Hörer (Gläser 2008, S. 539 f.). Zu den Formen der Verkaufsförderung zählen:

Voting-Konzepte, wie der Bundesvision Song Contest im Rahmen der Sendung tvtotal auf Prosieben, bei dem die Zuschauer unter Interpreten und Bands aus allen Bundesländern einen Sieger bestimmen, aktivieren die Rezipienten und fördern das Interesse an der Sendung. Sie werden oft in Verbindung mit Events eingesetzt, die der Sender organisiert.

Anrufaktionen stellen besonders für Radiosender eine Möglichkeit dar, den Hörer einzubeziehen und an das Programm zu binden. Initiiert werden derartige Aktionen z. B. durch das Aufwerfen polarisierender Themen von allgemeinem Interesse (Männer und Haushalt, Frauen und Technik, etc.).

Mitmach-Angebote bieten dem Zuschauer oder Hörer ebenfalls die Möglichkeit, sich aktiv am Programm zu beteiligen und sich so mit dem Angebot zu identifizieren. Big FM Stuttgart lässt die Community seiner Hörer, die mittlerweile 40000 Mitglieder hat, über die Playlist entscheiden.

Gewinnspiele, wie so genannte Geldscheinspiele im Radio, bei denen eine Geldscheinnote mit einer bestimmten Seriennummer gesucht wird, bewirken ein kontinuierliches Hören des Senders und sorgen für eine große Hörerzahl. Sie laufen auf zahlreichen Sendern gerade zur Zeit der Media-Analyse. Ein ähnliches Vorgehen haben **Quizsendungen**, bei denen auf die Antworten der Zuschauer oder Hörer zurückgegriffen wird.

Für Maßnahmen der Verkaufsförderung im **Off-Air Bereich** kommt die Vielfalt der Medien zum Einsatz, die über den Rundfunk hinausgehen. Teilnahme-Formulare für Gewinnspiele oder Voting-Aktionen können sowohl in Printmedien abgedruckt als auch auf Websites platziert werden.

Eine weitere Möglichkeit der Verkaufsförderung stellen **Clubs** dar. Neben Fanclubs für bestimmte Sendungen und Stars existieren Sender-Clubs (z. B. die JAMUNITY des Radiosenders JAM FM). Im RTL Club bekommen die Zuschauer exklusive Angebote wie CDs, Bücher oder Reisen. Darüber hinaus gibt es u. a. einen Fan-Shop und ein Online-Magazin. Clubs dienen der Stärkung der Markenbindung und des Images. Darüber hinaus fördern sie die Loyalität gegenüber dem Sender und seinen Formaten. Aufgrund der direkten Beziehung zum einzelnen Zuschauer oder Hörer haben Clubs eine starke Verbindung zum Direkt-Marketing.

Das **Merchandising** beschreibt das Marketing über Konsumgüter, d. h. Marken des Senders oder seines Angebots werden auf Produkte übertragen, die bisher nicht in direkter Verbindung damit standen. Die von ProSieben in der „we love"-Kollektion angebotenen Kleidungsstücke und Accessoires erfüllen verschiedene Funktionen. Sie tragen dazu bei, Verkaufserlöse zu generieren. Weiterhin bieten sie eine Markierungsplattform, d. h. die Möglichkeit, den Claim des Senders zu verbreiten. Sie machen ProSieben für den Zuschauer „greifbar" (Krone 2006, S. 134).

Bei Merchandising liegt das finanzielle Risiko, im Gegensatz zum Licensing, beim Rundfunkunternehmen. Während das Ziel das Merchandising vorrangig in der Steigerung der Bekanntheit besteht, werden bei der Vergabe von Lizenzen wirtschaftliche Ziele verfolgt. Auch beim **Licensing** erfolgt die Übertragung der Marken des Senders auf andere Produktbereiche (Gläser 2008, S. 540 f.). Es ist möglich, das Begleitbuch zu einer Sendung zu veröffentlichen, Spielfiguren eines Filmes anzubieten, Textilien und Bekleidung mit Bildern der· Protagonisten von Formaten des Senders, wie „Deutschland sucht den Superstar" auf RTL, herzustellen.

11.3 Public Relations

Die **Öffentlichkeitsarbeit** (Public Relations) eines werbefinanzierten Rundfunkunternehmens umfasst alle Aktivitäten, die indirekt zur Verbesserung des Images der Produkte bzw. des Unternehmens beitragen sollen (Wirtz 2006, S. 110). Rundfunkunternehmen spielen in der Öffentlichkeit eine wichtige Rolle. Sie stehen für kulturelle Vielfalt, beeinflussen öffentliche Meinungs- und politische Willensbildung. Gezielte PR-Maßnahmen können dem Unternehmen ein eigenes Profil verleihen und helfen, Misstrauen zu vermeiden (Breyer-Mayländer/Seeger 2006, S. 114). Sie sind darauf ausgerichtet, das Verständnis und Vertrauen bei allen Anspruchgruppen des Senders zu fördern. Die wirtschaftliche Beziehung zwischen ihnen soll systematisch und wirtschaftlich sinnvoll gestaltet werden.

Public Relations kann verschiedene Funktionen erfüllen (Weis 2007, S. 496 f.):

Informationsfunktion: Übermittlung von Informationen aus dem Unternehmen an die Rezipienten, um Verständnis für das Rundfunkunternehmen zu erreichen,

Imagefunktion: Aufbau und Änderung der Vorstellung vom Sender in der Öffentlichkeit,

Führungsfunktion: Beeinflussung der relevanten Rezipienten hinsichtlich der Positionierung des TV- oder Radiosenders am Markt,

Kommunikationsfunktion: Herstellung von Kontakten zwischen dem Rundfunksender und seinen Rezipienten,

Existenzerhaltungsfunktion: glaubwürdige Darstellung der Notwendigkeit des Senders für die Öffentlichkeit.

PR-Maßnahmen, wie Pressekonferenzen, Anzeigen, Internetauftritte oder Tag der offenen Tür tragen, dazu bei, durch eine bewusste Beeinflussung der Zuschauer und Hörer, eine bestimmte Positionierung im Markt zu erreichen. Sie unterstützen die Kommunikation mit den Rezipienten, indem sie Kontakte herstellen.

11.4 Events und Sponsoring

Die Nutzung von Events, als Instrument im Kommunikationsmix, erfährt eine wachsende Bedeutung. **Events** sind speziell inszenierte Veranstaltungen, die in einem entspannten und emotional anregenden Umfeld stattfinden. Sie werden von Rundfunksendern für die Zuschauer oder Hörer gestaltet. Das Ziel von Events besteht in der Präsentation des Kommunikationsobjektes (Senders) in erlebnisorientierter Form. Sie beabsichtigen eine aktive Ansprache der Zielgruppe, die zu einer positiven Beeinflussung des Images des Rundfunksenders beiträgt. Durch die Übertragung des Images vom Event auf den Sender findet ein **Imagetransfer** statt. Darüber hinaus erfolgt die tiefe Verinnerlichung der durch das Event ausgelösten Emotionen, welche später einen Einfluss auf das Rezipientenverhalten haben (Meffert et al. 2008, S. 681).

Die effiziente Kombination mit anderen Kommunikationsinstrumenten ist entscheidend für den kommunikativen Erfolg eines Events. Im Vorfeld der Veranstaltung sorgen Öffentlichkeitsarbeit und Werbung, z. B. durch Zeitungsberichte und Anzeigen, für Aufmerksamkeit bzw. Bekanntheit. Begleitend zum Event finden Maßnahmen der Direktkommunikation statt. Es werden beispielsweise Caps, Pins, Kugelschreiber und Schlüsselbänder mit dem Senderlogo verteilt. Im Nachhinein kann das Event als Anhaltspunkt für die Verkaufsförderung dienen, indem es in Anruf- oder Votingkonzepte eingebunden wird.

Events bieten für das Rundfunkunternehmen die Möglichkeit, die Werbekunden als Sponsor einzubeziehen. Der Musiksender Viva stellte im Rahmen des Events „Style Night"-Clubtour die Modekollektion vor, die gemeinsam mit dem Modeunternehmen Pimkie entwickelt worden war (www.horizont.de 2006).

Generell müssen Events dem Programm des Senders und der Zielgruppe entsprechend ausgewählt und durchgeführt werden. So gestaltet Klassik Radio klassische Musikkonzerte für seine Zuhörer. Diese Passfähigkeit ist auch beim Sponsoring zu beachten.

Unter **Sponsoring** wird die Förderung von Personen oder Aktivitäten durch Geld, Sachmittel, Dienstleistungen oder Know-how verstanden. Das sponsernde Rundfunkunternehmen nutzt die Möglichkeit der Assoziation mit dem geförderten Ereignis bzw. der geförderten Person (Homburg/Krohmer 2006, S. 256).

Die **Ziele des Sponsorings** bestehen in der Steigerung des Bekanntheitsgrades, der Rezipientenbindung und –gewinnung sowie der Imagegestaltung. Sie bestimmen die Wahl des werbefinanzierten Rundfunkunternehmens zwischen Sport-, Kultur-, Sozial- und Umweltsponsoring.

Aufgaben

1. Begründen Sie, warum ein werbefinanziertes Rundfunkunternehmen rezipientengerichtete Kommunikationspolitik betreiben muss!

2. Grenzen Sie direkte und indirekte Kommunikation mit dem Rezipienten voneinander ab und nennen Sie Beispiele!

3. Nennen Sie ökonomische und psychologische Ziele, die ein werbefinanziertes Rundfunkunternehmen mit kommunikationspolitischen Maßnahmen verfolgt!

4. Welche psychologischen Wirkungskategorien lassen sich für die Zielsetzungen eines Rundfunkunternehmens unterscheiden?

5. Nennen Sie die Kommunikationsinstrumente, die einem Rundfunkunternehmen zur Verfügung stehen!

6. Welche Formen der Eigenwerbung lassen sich aufgrund des Medieneinsatzes unterscheiden? Begründen Sie die Bedeutung der einzelnen Formen für ein werbefinanziertes Rundfunkunternehmen!

7. Welche Funktionen kann die Verkaufsförderung in Bezug auf die Zuschauer und Hörer erfüllen?

8. Nennen Sie rezipientengerichtete Maßnahmen der Verkaufsförderung!

9. Welchen Zweck verfolgt die Öffentlichkeitsarbeit hinsichtlich der Rezipienten?

10. Diskutieren Sie die Vor- und Nachteile der Kommunikationsinstrumente Events und Sponsoring!

Literatur

Breyer-Mayländer, T./Seeger, C.: Medienmarketing, München 2006

Bruhn, M.: Kommunikationspolitik, 4., überarb. Aufl., München 2007

Bruhn, M.: Marketing, 8. Auflage, Wiesbaden 2007a

Böhringer, C.: Programmwerbung durch Trailer, München 2005

Gläser, M.: Medienmanagement, München 2008

Holtmann, K.: Programmplanung im werbefinanzierten Fernsehen, Köln 1999

Homburg, C./Krohmer, H.: Grundlagen des Marketingmanagements, Wiesbaden 2006

Krone, J.: Alle auf Empfang?, Baden-Baden 2005

Meffert, H./Burmann, C./Kirchgeorg, M.: Marketing – Grundlagen marktorientierter Unternehmensführung, 10. vollst. überarb. u. erw. Aufl., Wiesbaden 2008

Schweiger, G./Schrattenecker, G.: Werbung: Eine Einführung, 6., neu bearb. Aufl., Stuttgart 2005

Schumann, M./Hess, T.: Grundfragen der Medienwirtschaft, 3., akt. u. überarb. Aufl., Berlin 2006

Wirtz, B. W.: Medien- und Internetmanagement, 5., überarb. Aufl., Wiesbaden 2006

Links

www.dwdl.de: das www.medienmagazin.de

www.horizont.net: Portal für Marketing, Werbung und Medien

12 Kommunikationspolitik im Werbemarkt

Ein werbefinanziertes Rundfunkunternehmen muss nicht nur mit den Zuschauern bzw. Hörern kommunizieren, sondern auch mit seinen Werbekunden in Kontakt treten. Beide Zielgruppen haben unterschiedliche Bedürfnisse. Für sie sind unterschiedliche Botschaften zu entwickeln und zu vermitteln, die der Steuerung von Meinungen, Einstellungen, Erwartungen und Verhaltensweisen dienen. Auch die Werbekunden erhalten spezielle Informationen über das Rundfunkunternehmen selbst und seine Leistungen. Die Kommunikationspolitik hat die Aufgabe, mit den werbungtreibenden Unternehmen in einen gegenseitigen Kommunikationsprozess einzutreten und sie zu ermuntern, auf die angebotenen Werbemarktleistungen zu reagieren (Fill 2001, S. 34).

Die Marktkommunikation im Rezipienten- und Werbemarkt umfasst zwei eigenständige Betätigungsfelder, die jedoch in einem bestimmten Abhängigkeitsverhältnis zueinander stehen. Es geht immer auch um das Image und das Erscheinungsbild des Senders als Ganzes. Ein weiteres Betätigungsfeld ist die unternehmensinterne Kommunikation, denn nur informierte und motivierte Mitarbeiter können einen Beitrag zum Unternehmenserfolg leisten.

Die **Werbemarktkommunikation** zielt darauf ab, den Absatz der Werbezeit und die Bindung der Werbekunden an den Sender zu verbessern. Dazu sind in erster Linie werberelevante Leistungsmerkmale des Senders wie Reichweite, TKP und Zielgruppenaffinität herauszustellen. Besonders wichtig sind die Übermittlung konkreter Informationen und das Schaffen konkreter Anreize. Die Werbekunden müssen nicht nur kontinuierlich über den Inhalt und die Qualität der Senderleistungen informiert werden. Zu den kommunikationspolitischen Zielen zählen ebenfalls die Positionierung des Rundfunksenders als Marke, die Imagepflege und die Schaffung von Kundenzufriedenheit. So positioniert sich der Hörfunksender LandesWelle als Thüringensender mit regionalbezogenen Themen und Aktionen. Dazu wird in allen Aktionsfeldern das Prinzip des Miteinanders „Zusammen sind wir Thüringen" kommuniziert, welches eine Wohlfühlatmosphäre für die Hörer und Werbekunden erzeugen soll.

Werbefinanzierte TV- und Radiosender wenden fast alle bekannten Kommunikationsinstrumente an. Besonders wichtig ist jedoch der Einsatz folgender Instrumente zur Ansprache der im Vergleich zu den Rezipienten überschaubaren Gruppe der Werbekunden: klassische Mediawerbung, Verkaufsförderung und Messen

12.1 Klassische Mediawerbung

Werbung in Medien umfasst den Transport und die Verbreitung werblicher Informationen über die Belegung von Werbemitteln in Massenmedien (Bruhn 2005, S. 223). Sie erfolgt meist im eigenen Sender, in anderen Rundfunksendern, in Zeitungen, Zeitschriften, auf Plakaten und im Internet.

Die **Aufgabe der Mediawerbung** im Werbemarkt besteht darin, die Kunden durch den Einsatz spezieller Kommunikationsmittel zu einem Verhalten zu veranlassen, welches der Erfüllung der Senderziele dient.

Um die kommunikationspolitischen Ziele zu erreichen, muss ein werbefinanziertes Rundfunkunternehmen einen möglichst hohen Bekanntheitsgrad und ein positives Image aufbauen. Da Werbekunden bestrebt sind, ihr Produkt effizient zu vermarkten, wählen sie in der Regel den Sender, der für sie die meisten Kontakte mit den Zuschauern ihrer Zielgruppe gewährleistet. Gleichzeitig muss das Image des Senders zum Selbstimage des Produktes passen, denn laut Weis/-Huber (2000, S. 25) bewirkt die Übereinstimmung der beiden eine zunehmend positivere Produktbewertung bzw. eine stärkere Präferenz der Kunden.

Nur Werbung, die systematisch geplant und umgesetzt wird, ist langfristig erfolgreich. Als erstes sind **Werbeziele** zu definieren. Schriftlich fixierte Werbeziele erleichtern die anschließende Erfolgskontrolle. Gleichzeitig steuern sie alle Werbeaktivitäten. Da ökonomische Werbeziele, wie z. B. Steigerung des Absatzes von Werbezeiten, meist nicht eindeutig auf Werbeaktivitäten zurückzuführen sind, werden in der Regel **außerökonomische Werbeziele** formuliert. Es besteht ein direkter Zusammenhang zwischen der Durchführung von Werbemaßnahmen und der Erreichung von Werbezielen. Sie eignen sich sehr gut für die Erfolgsmessung. Auf dem Werbemarkt verfolgen werbefinanzierte Rundfunkanbieter meist folgende Ziele:

1. Vermitteln einer spezifischen Problemlösungskompetenz, z. B. „Sender A hat das beste Kinderprogramm", „Sender B ist der Marktführer, an dem man bei keiner Kampagne vorbei kommt" oder „Sender C spricht die Zielgruppe der Senioren an exaktesten und intensivsten an" (Karstens/Schütte 2005, S. 264).

2. Überzeugen der Werbekunden und Mediaagenturen, dass ein Sender ein qualitativ hochwertiges Rahmenprogramm bietet, in

dem es sich lohnt, Werbespots zu platzieren, z. B. dass der Sportsender X aufgrund der Sendung von Sportarten A, B und C die Hauptzielgruppe am intensivsten an sich bindet.

3. Hervorheben des Mediums werbefinanzierter Rundfunk gegenüber alternativen Medien als Werbeträger, z. B. herausstellen, dass das Radio in Zeiten einer Wirtschaftskrise das abverkaufsstärkste Medium ist.

4. Kommunizieren der Vorteilhaftigkeit der Schaltung eines Werbespots innerhalb bestimmter Sendungsformate oder Werbezeiten. Beispielsweise kann hervorgehoben werden, dass die Zielgruppe der Sendung X weiblich und im Durchschnitt 16-24 Jahre alt ist, sich gern modern kleidet und folgende Produkte besonders gut konsumiert.

Nach der Zielbestimmung sind die **Werbesubjekte** auszuwählen. Es handelt sich um Zielgruppen bzw. Zielpersonen, die vom Sender im Rahmen einer Kampagne für den Werbezeitenverkauf angesprochen werden sollen. Zu ihnen gehören regionale oder überregionale Werbungtreibende (insbesondere Werbeleiter, Produkt- und Marketingmanager) sowie national bzw. international tätige Mediaagenturen (insbesondere Mediaeinkäufer). Um die Werbesubjekte optimal anzusprechen, müssen möglichst genaue Informationen über sie selbst und über ihre Mediennutzungsgewohnheiten in Erfahrung gebracht werden.

Anschließend wird eine **Werbestrategie** (längerfristiger Verhaltensplan) entwickelt, in dem die Schwerpunkte des Einsatzes der Werbemittel und der Werbeträger zum Erreichen der Werbeziele festgeschrieben sind. Werbefinanzierte TV-Sender können verschiedene Werbestrategien formulieren, mit denen die Werbeziele erreicht werden können. Zu ihnen zählt die **Bekanntmachungsstrategie**, die beispielsweise auf die Einführung eines neuen Rabattmodells ausgerichtet ist. Eine weitere Möglichkeit ist die **Informationsstrategie**, bei der es um die Aufklärung über neue Sende- und Werbeformate gehen kann. Die **Imageprofilierungsstrategie** ist meist auf die Aktualisierung bestimmter Dimensionen, wie z. B. bei Radio Paradiso mit dem Image als Soft Pop Format, gerichtet. Die Konkurrenzabgrenzungsstrategie hat meist die Aufgabe, konkurrenzunterscheidende Merkmale, wie Zielgruppengenauigkeit beim Channel for Men DMAX, zu formulieren und umzusetzen.

Ausgehend von den Handlungsmotiven der Werbesubjekte ist im Anschluss eine **Werbebotschaft** zu konzipieren, die Aufmerksamkeit sowie Sympathie für den Sender hervorruft und die Zielgruppe zum Kauf der Werbeplätze motiviert. Beispielsweise vermittelt Münchens Hit-Radio 95.5 Charivari neben den Reichweiten seinen Werbekunden Folgendes: „Das Programm trifft den Geschmack einer urbanen, konsumstarken Zielgruppe. Ob Single oder in einer Lebensgemeinschaft, sie sind aktiv im Job, interessiert am Weltgeschehen und haben einen positive Lebenseinstellung. Trendige, zielgruppenaffine Events und Großveranstaltungen von 95.5 Charivari sorgen auch off air für eine permanente Hörerbindung" (www.charivari.de 2009).

Da es sich bei den Werbekunden um vorrangig institutionelle Abnehmer handelt, sind rationale Argumente, wie die Leistungsmerkmale des Senders und seiner Angebote sehr wichtig. Zu ihnen zählen auch die qualitativen Reichweiten, die durch die jeweiligen soziodemografischen Nutzungsdaten und den TKP unterstützt werden. Radio 95.5 Charivari führt dazu die Nettostundenreichweite in der Hauptzielgruppe der 30-49Jährigen, Hörer pro Tag ab 14 Jahren und in der Hauptzielgruppe sowie die Tagesreichweite im Vergleich zu seinen Wettbewerbern an.

Die Werbebotschaft ist in ein **Werbemittel**, was diese Botschaft verkörpert, zu transformieren. Ein Werbemittel stellt die reale, sinnlich wahrnehmbare Erscheinungsform der Werbebotschaft dar, die durch ein Medium (Werbeträger) an werbungtreibende Unternehmen herangetragen wird. Als **Werbeträger** zur Ansprache der Zielgruppe eignen sich vor allem Fachzeitschriften, Informationsbroschüren, Online- und Rundfunkmedien. Sie gewährleisten eine große Reichweite und ein hohes Involvement der gewählten Zielgruppe. Durch Anzeigen in solchen Fachschriften wie „Horizont" und „Werben & Verkaufen" gilt es, ein positives Vorstellungsbild des Senders zu etablieren und dessen konkrete Dienstleistungen bekannt zu machen. Hier wird konsequent Markenpolitik betrieben (Gerke 2005, S. 133).

Für eine **Imagekampagne** nutzen werbefinanzierte Rundfunkunternehmen nicht nur Fachzeitschriften, sondern auch Wirtschaftsblätter, das eigene und weitere Medien. Im Februar 2007 wurde als Gemeinschaftsaktion der privaten und der öffentlich-rechtlichen Radiosender die Imagekampagne „Radio. Geht ins Ohr. Bleibt im Kopf." bundesweit flächendeckend gestartet. In ihr werden alltägliche kleinen Geschichten erzählt, deren Botschaft in unterhaltsamer und leicht provokanter Weise den Nerv der Hörer trifft. Zum Schluss jedes Spots wird die Hauptzielgruppe, die Werbungtreibenden, immer direkt angesprochen. Diese Imagekampagne soll auf die Vorteile Effizienz und Abverkaufsstärke von Radiowerbung aufmerksam machen. Die im Werbeblock gesendeten 30-Sekundenspots wenden sich vordergründig an die Hörer, indirekt aber an alle Werbungtreibenden und Agenturen. Besonders eindrucksvoll, da ein Feedback erfolgte, war der folgende, an den Bundesumweltminister gerichtete Hörfunkspot namens Puppenhaus:

„Dieser Radiospot ist für den Umweltminister. Ich habe in meinem Puppenhaus alle Glühbirnen durch Energiesparlampen ausgetauscht, Fenster mit Wärmeschutzverglasung eingebaut und eine moderne lambdagesteuerte Pelletsheizung installiert. Wenn Sie jetzt mit dem Rad zur Arbeit fahren, kriegen wir zwei das hin mit der Klimarettung. Mit Radio erreichen Sie immer die richtigen. Radio. Geht ins Ohr. Bleibt im Kopf."

Auf diesen Spot antwortete der Bundesumweltminister:

„Hallo Puppenmama, hier ist dein Umweltminister. Dein Puppenhaus hast du ja wirklich vorbildlich saniert. Ich hoffe, du hast das nicht alles vom Taschengeld bezahlt, sondern hast dir von uns einen günstigen Kredit besorgt. Den haben wir nämlich gerade noch mal auf 2 Milliarden Euro aufgestockt. Das reicht locker für alle Puppenhäuser in Deutschland, auch die von deinen Freundinnen und Freunden. Und übrigens: hast du eigentlich in 10 oder 20 Jahren schon was vor? Wenn nicht, dann könntest du ja mal meine Nachfolgerin werden. Mit Radio erreichen Sie immer die richtigen. Radio. Geht ins Ohr. Bleibt im Kopf." (Radiozentrale 2009).

Die Kampagne mit dem Sub-Claim „Mit Werbung erreichen Sie immer die Richtigen." zielt auf die Erhöhung des Bewusstseins für die Stärken, die Wirksamkeit und die Vielfältigkeit des Mediums.

Oft kommen für die Werbung auch Videos zum Einsatz, auf denen das gegenwärtige und das zukünftige Werberahmenprogramm mit den darin enthaltenen Werbemöglichkeiten dokumentiert werden. Immer wichtiger werden die **Onlinewerbung** auf der eigenen Unternehmens-Website, die Bannerwerbung, das E-Mail-Marketing und das Suchmaschinenmarketing. Werbefinanzierte Rundfunkunternehmen bzw. die von ihnen beauftragten Vermarktungsagenturen präsentieren ihre Angebote auf der Unternehmens-Website. Werbekunden können dort auf umfangreiches Informationsmaterial zurückgreifen.

12.2 Verkaufsförderung

Meist reicht die klassische Werbung nicht aus, um die Werbeleistungen des Rundfunksenders auszuloben und zu profilieren. Während Werbung langfristig wirkt, zielt die **Verkaufsförderung** auf kurzfristige Umsatzsteigerungen. Mit ihr soll der Reizüberflutung und der Intransparenz auf dem Werbemarkt begegnet werden. Zusätzliche Informationen und Kaufanreize am Point of Sale motivieren die Werbekunden zu einem sofortigen Kauf. In der Literatur wird die Verkaufsförderung der Kommunikationspolitik zugeordnet. Sie umfasst jedoch auch Aufgaben aus anderen Bereichen des Marketingmix, z. B. aus der Distributions- und der Konditionenpolitik.

Verkaufsförderung ist die Analyse, Planung, Durchführung und Kontrolle zeitlich befristeter Aktivitäten auf dem Werbemarkt. Sie soll nachgelagerte Vertriebsstufen zur Erreichung kommunikationspolitischer Zielstellungen motivieren (Bruhn 2005, S. 559). Das erfolgt durch direkte Kontaktaufnahme, Kommunikation sowie die Gewährung zusätzlicher Anreize. Das **Hauptziel der Verkaufsförderung** besteht in einer kurzfristigen und unmittelbaren Stimulierung des Absatzes von Werbeplätzen. Auch soll sie einen Kaufanreiz durch Verbesserung des vom Kunden wahrgenommenen Preis-Leistungs-Verhältnisses zu schaffen.

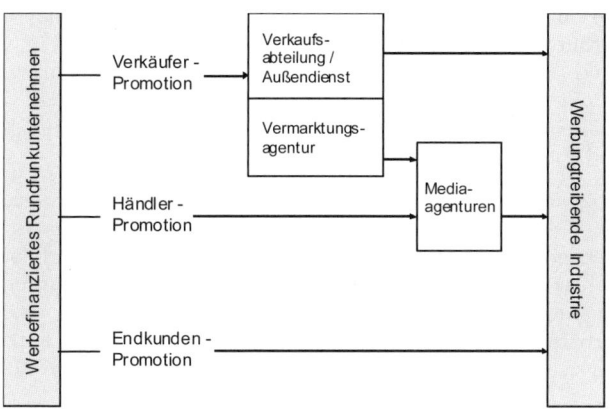

Abbildung 1: Ebenen der Verkaufsförderung (in Anlehnung an Gelbrich et al. 2008, S. 179)

Verkaufsfördernde Maßnahmen im Werbemarkt zielen darauf ab, die Effizienz der eigenen Absatzorgane (Vermarktungsagenturen, Verkaufsabteilungen, Reisende) zu steigern, die Leistungsfähigkeit und Leistungswilligkeit der Absatzmittler (Mediaagenturen) zu fördern sowie die werbungtreibenden Unternehmen (Endkunden) kaufanreizend und stabilisierend zu beeinflussen (in Anlehnung an Gedenk 2002, S. 13 ff.). Die Verkaufsfördermaßnahmen eines werbefinanzierten Rundfunkunternehmens richten sich auf die drei benannten Zielgruppen.

Verkaufsfördernde Maßnahmen sind auf der Ebene senderzugehörigen Verkaufsabteilungen und Vermarktungsagenturen sowie auf der Ebene der Mediaagenturen darauf gerichtet, einen Push-Effekt hervorzurufen und so die Werbeleistung in den Werbemarkt hineinzudrücken.

Für die **Verkäufer-Promotion** eignen sich Schulungen, Informationsveranstaltungen, Verkaufshilfen (Broschüren, Filme, Handbücher etc.), Marktforschungsergebnisse sowie interne Verkaufswettbewerbe und Prämien. Diese Maßnahmen sollen das Verkaufspersonal motivieren, die Werbemarktprodukte Mediaagenturen und Werbungtreibenden mit besonderem Nachdruck anzubieten, so dass der Absatz kurzfristig stimuliert wird.

Für die **Händler-Promotion** kommen meist Preiszugeständnisse bei der Einführung neuer Produkte in Form von Naturalrabatten, Display- und Informationsmaterial, Informationsbriefe, Handbücher, Broschüren und Testergebnisse in Frage. Auch Preislisten, Programmschemata, Workshops und Schulungen können sie zum Kauf von Werbezeiten motivieren.

Die **Endkunden-Promotion** ist auf die individuellen Besonderheiten der Werbekunden ausgerichtet. Dazu werden Informationen entsprechend den Kundenanforderungen aufbereitet und bereit gestellt. Das Ziel besteht in der Verbesserung des wahrgenommenen Preis-Leistungs-Verhältnisses. Mit der Verkaufsförderung versucht der werbefinanzierte Rundfunksender einen Pull-Effekt bei den Werbungtreibenden zu erreichen und somit einen Kaufanreiz auszulösen.

12.3 Messen

Messen sind zeitlich und örtlich festgelegte, in regelmäßigen Abständen stattfindende Veranstaltungen, bei denen sich mehrere Rundfunkunternehmen ihren Zielgruppen und anderen Interessenten präsentieren. Sie sind ein Instrument der persönlichen Kommunikation.

Messen gewährleisten und vergrößern die Markttransparenz, dienen der Herstellung neuer Kontakte, fördern den Informationsaustausch und können als Akzeptanztests für neue Produkte und Leistungen genutzt werden. Sie haben gleichzeitig die Aufgabe, neue Nachfrager zu identifizieren, das Firmenimage aufrecht zu erhalten und den Bekanntheitsgrad zu erhöhen. Messen tragen im Vergleich zu anderen Kommunikationsinstrumenten am stärksten zur Entwicklung von Kundenbindung bei, denn auf ihnen werden Geschäftsbeziehungen durch direkte Ansprache angebahnt, Abschlüsse getätigt und Kundenbeziehungen gepflegt.

Im Werbemarkt veranstalten die TV-Sender jährlich mehrere **Fachmessen**. Dort sind sie mit ihren Messeständen, Informationsmaterialien, Events, aufwendigen Programmtrailern und Fachvorträgen vertreten. Sie stellen sich und ihre zukünftigen Vorhaben den werbungtreibenen Unternehmen sowie den Mediaagenturen vor. Jedes Jahr im Herbst treffen sich Medienunternehmer, Medienproduzenten und Medienpolitiker zu den Medientagen in München. Dort finden der Medienkongress und eine Medienmesse statt, auf welcher Medienunternehmen aller Branchen ihre Leistungen präsentieren und Kontakte pflegen.

Bis zum Jahr 2003 war die große Fachmesse der TV-Werbebranche die Telemesse. Seit 2004 veranstalten die Vermarktungsagenturen privatwirtschaftlicher und öffentlich-rechtlicher TV-Sender, zu denen IP Deutschland, SevenOne Media, ARD-Werbung SALES & SERVICES, ZDF Werbefernsehen, EL CARTEL MEDIA, VIACOM Brand Solutions, DISCOVERY NETWORKS Deutschland und TELE 5 zählen, gemeinsam den TV-Wirkungstag. Sie stellen sich sowie aktuelle Ergebnisse aus der TV- und Werbewirkungsforschung den Kunden und der Öffentlichkeit vor. Zukünftige TV-Programme werden seit dem Jahr 2004 nicht mehr auf der Messe, sondern individuell von den großen Vermarktungsagenturen präsentiert.

Die kleinen Privatsender führten 2007 und 2008 gemeinsam die Messe United Screening Day (USD) durch, auf der sie ihre Programmangebote für das anstehende Jahr vorstellten. Diese neue Form der

Telemesse entstand durch die Kooperation kleiner TV-Sender, die zu keinem der großen Vermarktungsblöcke gehören. Die Messe bot für die Mediaentscheider die Möglichkeit, sich schnell, umfassend und gebündelt über die Sender und ihre Angebote zu informieren sowie Erfahrungen auszutauschen. Der direkte Vergleich der Programmangebote gab den Werbekunden gleichzeitig ein umfassendes Bild über die Vielfalt der Senderprofile (Schader 2009, S. 46).

Soll eine Messe für ein Rundfunkunternehmen erfolgreich sein, so ist die **Messebeteiligung** langfristig zu planen und ständig zu überprüfen. Dazu ist eine messespezifische Situationsanalyse durchzuführen, bei der die Branchensituation, die Wettbewerber, Nachfrager und das eigene Unternehmen im Mittelpunkt stehen (Meffert 2003, S. 1149). Anschließend können messespezifische Ziele und Maßnahmen festgelegt werden. Bei den Maßnahmen handelt es sich um die Standkonzeption, Exponateauswahl, einzusetzende Informationsmaßnahmen und den geplanten Personaleinsatz. Eine Messe wird in der **Vormesse-Phase** gründlich vorbereitet, so dass der eigentliche Messeauftritt (**Messe-Phase**) insbesondere bei den Werbekunden zu einem nachhaltigen Ereignis mit hohem Erinnerungswert wird (Meffert et al. 2008, S. 678f.).

Innerhalb kürzester Zeit treffen auf einer Werbemesse die Anbieter gleichwertiger Werbeleistungen und deren Nachfrager aufeinander. Ein werbefinanzierter Rundfunksender verfolgt mit seiner Messebeteiligung das Ziel, Aufmerksamkeit und Interesse bestehender und potentieller Werbekunden zu gewinnen, mit ihnen zwecks Kompetenzdemonstration, Kontaktaufbau und Kontaktpflege in einen Dialog zu treten sowie bisher unbekannte Kunden- bzw. Anspruchsgruppen zu aktivieren (Ueding 1998, S. 115). Dem wachsenden Interesse nach zusätzlichen Informationen und emotionalen Eindrücken kommen immer mehr Rundfunksender durch zusätzliche Events nach, wie der sich dem TV-Wirkungstag anschließenden TV AD Night, die den festlichen Ausklang des TV-Wirkungstages bildet.

Nach Beendigung der Messe (**Nach-Messe-Phase**) müssen die neuen sowie die bereits bestehenden Kundenkontakte weiterverfolgt und gepflegt sowie die Kunden und weitere Interessenten mit notwendigen Informationen versorgt werden. Wichtig ist, dass die Messeergebnisse an die Mitarbeiter im Sender kommuniziert werden, was gleichzeitig eine Motivationswirkung auslöst.

Aufgaben

1. Was ist die Aufgabe der Werbemarktkommunikation?
2. Nennen Sie die Aufgaben und Ziele der Werbung im Werbemarkt!
3. Welche Werbestrategien kennen Sie?
4. Erläutern Sie am Beispiel einer selbst gewählten Imagekampagne, wie werbefinanzierte Rundfunksender ein positives Vorstellungsbild bei den Werbekunden etablieren?
5. Worin besteht der Unterschied zwischen der Mediawerbung und der Verkaufsförderung?
6. Erklären Sie, warum für unterschiedliche Zielgruppen verschiedene verkaufsfördernde Maßnahmen angewendet werden! Wie sollte eine Händler-Promotion für Mediaagenturen aussehen?
7. Was ist eine Messe und mit welchem Ziel besuchen TV-Sender diese?

Literatur

Becker, M.: Marketingkonzeption. Grundlagen des zielstrategischen und operativen Marketing-Managements, 8. Aufl., München 2006

Bruhn, M.: Unternehmens- und Marketingkommunikation. Handbuch für ein integriertes Kommunikationsmanagement, München 2005

Fill, C: Marketing - Kommunikation, München 2001

Gedenk, K.: Verkaufsförderung, München 2002

Gelbrich, K./Wünschmann, S./Müller, S.: Erfolgsfaktoren des Marketing, München 2008

Gerke, T.: Handbuch Werbemedien, Frankfurt/M. 2005

Karstens, E.,/Schütte, J.: Praxishandbuch Fernsehen. Wie TV-Sender arbeiten, Wiesbaden 2005

Meffert, H.: Ziele und Nutzen der Messebeteiligung von ausstellenden Unternehmen und Besuchern, in: Kirchgeorg, M. et al. (Hrsg.): Handbuch Messemanagement. Planung, Durchführung und Kontrolle von Messen, Kongressen und Events, Wiesbaden 2003, S. 1145-1162

Meffert, H./ Burmann, C./ Kirchgeorg, M.: Marketing. Grundlagen marktorientierter Unternehmensführung. Konzepte – Instrumente - Praxisbeispiele, 10., vollst. überarb. u. erw. Aufl., Wiesbaden 2008

Schader, P.: Taktisches Teamwork, in: Horizont, 2009, Heft 11, S. 46

Ueding, R.: Management von Messebeteiligungen. Identifikation und Erklärung messespezifischer Grundlagen auf der Basis einer empirischen Untersuchung, Frankfurt/M. 1998

Weis, M./Huber, F.: Der Wert der Markenpersönlichkeit, Wiesbaden 2000

Links

www.charivari.de: Münchner Radiosender

www.radiozentrale.de

13 Distributionspolitik im Rezipienten- und Werbemarkt

Die Distribution von informatorischen bzw. unterhaltenden Inhalten ist ein konstituierendes Merkmal von Medienunternehmen (vgl. Kapitel 1). Alle Aktivitäten, die darauf ausgerichtet sind, die Leistungen eines werbefinanzierten Rundfunkunternehmens an die Nachfrager heranzutragen, fallen in den Entscheidungsbereich der Vertriebs- bzw. Distributionspolitik. Sie ist für die Präsenz und eine ausreichende Verfügbarkeit der Angebote am Markt zuständig (Becker 2006, S. 489).

Grundsätzlich wird die physische von der akquisitorischen Distribution abgegrenzt. Die Ausgestaltung des Transfers der Produkte des Rundfunkunternehmens vom Ort der Entstehung zum Nachfrager ist Gegenstand der **physischen Distribution**. Dabei es geht um logistische Problemstellungen, wie die Übermittlung der Werbespots vom Produzenten zum Sender oder die Verbreitung des Programms auf dem gewählten Übertragungsweg bis zum Empfangsgerät. Beim Rundfunk ist zu beachten, dass die Produktion der Inhalte oft zeitgleich mit deren Distribution stattfindet.

Die **akquisitorische Distribution** beschäftigt sich mit dem Management des Vertriebssystems, der Zusammenarbeit mit Distributionspartnern und Key Accounts sowie mit der Gestaltung von Verkaufsaktivitäten. Ihre zentrale Aufgabe besteht darin, Kontakte zu den Kunden herzustellen und zu pflegen.

Aufgrund der Verschiedenartigkeit der Distribution im Rezipienten- und im Werbemarkt finden die einzelnen Entscheidungsfelder der physischen und der akquisitorischen Distribution in den beiden Märkten in unterschiedlichem Maße Berücksichtigung. Während im Rezipientenmarkt vor allem technologisch bedingte Fragen der Übermittlung der Inhalte im Vordergrund stehen, ist im Werbemarkt die effiziente Gestaltung des Vertriebssystems wichtig.

Generell sind bei der Wahl des Vertriebsweges und der Absatzorganisation folgende Aspekte zu betrachten (Meffert et al. 2008, S. 563): **Vertriebskosten**: Die Wahl des Vertriebsweges im Rezipientenmarkt wird unmittelbar durch die Kosten beeinflusst. So können die Vertriebskosten bei analoger Kabelübertragung mit flächendeckender Aufschaltung bis zu fünf Millionen Euro pro Jahr betragen. Die digitale Verbreitung über Kabel oder Satellit ist dagegen kostengünstiger (Karstens 2006, S. 173). Da die Höhe der Vertriebskosten im Rezipientenmarkt vorrangig durch die Technologie bestimmt wird, sind sie weitgehend fix und bei Marketingentscheidungen vernachlässigbar (Wirtz 2006, S. 113). Im Werbemarkt hingegen spielen die Kosten für das Vertriebssystem eine entscheidende Rolle, da sie abhängig vom Absatzweg und der Zahl zwischengeschalteter Absatzmittler und -helfer stark differieren.

Distributionsgrad: Der Distributionsgrad ist das Maß für die Verbreitung eines Produktes. Im Werbemarkt, kann der Distributionsgrad des Senderangebots ermittelt werden, indem die Anzahl der Mediaagenturen, welche Werbezeiten des Senders vermitteln, zur Gesamtzahl der existierenden Agenturen ins Verhältnis gesetzt wird. Für die Beurteilung der Verbreitung des Angebots im Rezipientenmarkt werden dagegen die Reichweite und die Einschaltquote herangezogen.

Darüber hinaus sind **Image, Kooperationsbereitschaft, Aufbaudauer, Flexibilität, Beeinflussbarkeit** und **Kontrollierbarkeit** des Vertriebsweges zu berücksichtigen. Sie prägen vorrangig die Organisation des Absatzes im Werbemarkt. Die den einzelnen Kriterien beigemessene Bedeutung bedingt, ob ein werbefinanzierter Rundfunksender seine Werbezeiten eigenverantwortlich vertreibt oder Vermittler einsetzt.

Beim **indirekten Absatz** werden die Produkte des Senders über unternehmensfremde, rechtlich selbständige Absatzorgane vertrieben. Diese **Absatzmittler** handeln in eigenem Namen und auf eigene Rechnung (Homburg/Krohmer 2006, S. 270). So können zwischengeschaltete Mediaagenturen als Absatzmittler fungieren, wenn sie Werbezeitkontingente erwerben und anschließend an Werbekunden weiterverkaufen.

Im Rezipientenmarkt vertreiben werbefinanzierte Rundfunkunternehmen ihre Angebote meist über **direkten Absatz**. Das Programm wird ohne zusätzliche Distributionsstufen über Kabel, Satellit oder Terrestrik verbreitet. Unternehmen, wie Kabelnetzbetreiber, unterstützen diesen Vertriebsprozess als **Absatzhelfer**. Sie sind akquisatorisch, logistisch oder leistungsergänzend aktiv, erwerben aber kein Eigentum an den Produkten (Pepels 2001, S. 30). Wenn Absatzhelfer, wie Kabelnetzgesellschaften, eine monopolartige Marktstellung einnehmen, kann das den Handlungsspielraum von Medienunternehmen einschränken und die Verteilung der Inhalte an die Zielgruppen beeinflussen (Schumann/Hess 2006, S. 59).

Zusätzlich ist es möglich, dass Kabelnetzbetreiber ihr Angebot um eigene Produkte erweitern. So bietet Kabel Deutschland den angeschlossenen Empfängern mit „Select Kino" Kinofilme auf Abruf an. In diesem Fall wandelt sich ihre Funktion in der Distributionskette vom Absatzhelfer zum Absatzmittler.

Die Wahl und Organisation des Absatzweges sind Grundsatzentscheidungen, die unmittelbare Auswirkungen auf die anderen Instrumente des Marketing-Mix haben. Sie beeinflussen preis-, produkt- und kommunikationspolitische Entscheidungen. Nachfolgend wird die Ausgestaltung der Distributionspolitik gesondert für den Rezipienten- und den Werbemarkt betrachtet.

13.1 Distribution im Rezipientenmarkt

Werbefinanzierte Rundfunkunternehmen stellen ihr Programm den Zuschauern und Hörern kostenlos zur Verfügung. Da die Kontakte zu den Rezipienten vorrangig durch die Ausstrahlung des Programms an sich hergestellt werden, liegt der Schwerpunkt der Distributionspolitik im Rezipientenmarkt auf der **physischen Distribution**. Sie beschäftigt sich mit der Sicherstellung der Sende- und Empfangsbereitschaft sowie der technischen Verbreitung des Programms vom Sender bis zum Empfangsgerät des Rezipienten.

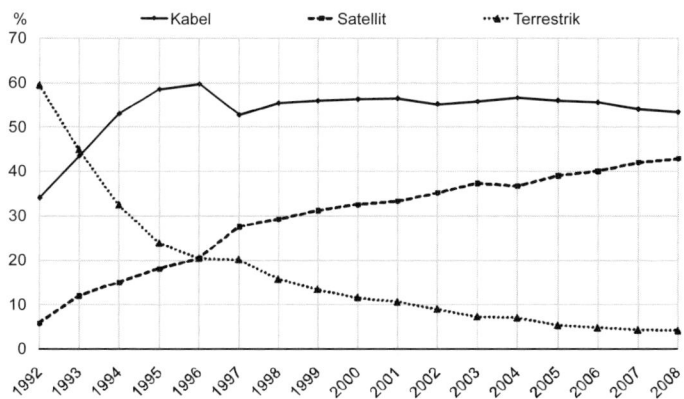

Abbildung 1: Entwicklung der TV-Empfangsebenen (Haushalte in Prozent) (www.agf.de 2008)

Der Rundfunksender entscheidet, auf welchem Weg er seine Angebote an die Zuschauer bzw. Hörer übermittelt. Die technischen Möglichkeiten der verfügbaren Verbreitungswege bestimmen maßgebend die Wahl des Distributionskanals. Neben den Bedürfnissen der Rezipienten, hinsichtlich einer hohen Bild- und Tonqualität, ist eine entsprechende technische Reichweite zu berücksichtigen.

Das Programm kann über Kabel, Satellit oder Terrestrik flächendeckend verbreitet werden. Im Jahr 2008 empfingen ca. 37 Millionen TV-Haushalte in Deutschland ihr Programm zu etwa 52 % über Kabel, 42 % über Satellit und 11 % über Antenne. Sie konnten durchschnittlich zwischen 71,5 Sendern wählen (www.mediendaten.de).

Die Anzahl der empfangbaren TV-Sender eines Haushaltes (Tabelle 1) hängt sowohl vom Übertragungsweg als auch vom analogen oder digitalen Empfang ab.

Tabelle 1: Durchschnittlich empfangbare Sender pro TV-Haushalt 2008 nach Übertragungsweg (www.mediendaten.de)

Terrestrik	Kabel	Satellit
29,58	54,40	99,24

Bei der **analogen Übertragung** von Rundfunksignalen werden die Bild- bzw. Tondaten in elektrische Impulse umgewandelt. Das elektronische Signal entspricht dem Ausgangssignal. Bei der Übertragung von Fernsehbildern werden z. B. pro Sekunde 25 Einzelbilder vollständig transportiert. Innerhalb einer Sekunde verändert sich jedoch nur ein geringer Anteil des Bildes, d. h. der Großteil des dargestellten Bildinhaltes bleibt in dieser Zeit gleich. Die Übermittlung dieser unveränderten Informationen benötigt umfangreiche Kapazitäten. Digitale Technik „sortiert" die unveränderten Anteile der Bilder aus, d. h. die Übertragung der Bilder erfolgt nicht komplett. Nur die tatsächlichen Änderungen von Bild zu Bild werden digitalisiert und gesendet.

Digital kommt aus dem Lateinischen und bedeutet: in Ziffern darstellen. Bei einer **digitalen Übertragung** erfolgt die Übermittlung von Musik, Sprache und Geräusch nach der Codierung der elektronischen Signale als binärer Datenstrom (Zahlencode 0/1). Ein Empfänger (Receiver) decodiert diesen wieder in für den Menschen verständliche Signale. Digitale Signale lassen sich ohne Verluste wiedergeben und auch komprimieren, so dass mit der gleichen Kabel-Kapazität mehr Sender übertragen werden können.

Derzeit werden auf allen drei Übertragungswegen sowohl analoge als auch digitale Signale übermittelt. Die Digitalisierung schreitet jedoch schnell voran und wird die analoge Technik in absehbarer Zeit ersetzen.

Analoger und digitaler terrestrischer Rundfunk

Beim **terrestrischen Rundfunk** wird das Übertragungssignal erdnah (lat. terra = Erde) sozusagen durch die Luft übertragen. Diese Technologie ist für den Rezipienten kostengünstig und mit geringem Installationsaufwand verbunden. Bundesweit können über Haus-, Zimmer- und Geräteantennen mindesten drei öffentlich-rechtliche Fernsehkanäle sowie meist auch Sat.1 und RTL empfangen werden. Es besteht die Möglichkeit, problemlos neben dem Hauptgerät weitere Geräte zu nutzen.

Analoges terrestrisches Fernsehen benötigt pro Kanal eine sehr hohe Sendeleistung von 7-8 MHz breiten Frequenzen. Dies führt zu einem eingeschränkten geeigneten Frequenzspektrum, so dass Fernsehzuschauer maximal zwischen 12 Programmen wählen können. Lediglich 5 % der Haushalte empfangen noch analoge Sendefrequenzen (Karstens/Schütte 2005, S. 311 f.).

Radiosender erreichen ihre Hörer gegenwärtig vorrangig auf analogen Übertragungswegen über Lang-, Mittel-, Kurz- und Ultrakurzwelle. In Deutschland werden Hörfunkprogramme von mehr als 200 privaten Sendern über Ultrakurzwelle (UKW) und / oder Satellit und Kabel verbreitet (Böckelmann 2006, S. 80).

Die UKW zeichnet sich im Gegensatz zu den anderen analogen terrestrischen Übertragungswegen durch eine relativ gute Klangqualität und geringe Störanfälligkeit aus. Sie wird in Stereo übermittelt und ist überall zu empfangen. Aufgrund dieser Eigenschaften hat sich das Radio zum beliebtesten „Nebenbei"-Medium entwickelt.

Darüber hinaus können zusätzliche Services, wie das Radio-Data-System (RDS), das Zusatzinformationen (Sendername, Senderart, aktuelles Programm) enthält, übertragen werden. Die Verbreitung über UKW ist oft mit einer geringen Reichweite verbunden und daher vor allem für lokale Sender zweckmäßig. Allerdings ist das UKW-Band voll belegt.

Bei der analogen terrestrischen Übertragung besteht generell der Nachteil der begrenzten Programmkapazität. Zudem liefert diese

Übertragungsart eine relativ schlechte Signalqualität. Ungünstiges Wetter kann den Empfang von Radio- und Fernsehprogrammen durch Rauschen und Bildstörungen beeinträchtigen.

Da die analoge terrestrische Verbreitung schrittweise eingestellt wird, erhalten **Hörfunkunternehmen** nur noch digitale terrestrische Übertragungskapazitäten. Derzeit gibt es ca. 50 private DAB (Digital Audio Broadcasting) Anbieter, die für Deutschland eine Sendeabdeckung von 80 % erreichen (www.digitalradio.de).

Im **Fernsehbereich** soll die Umstellung auf digitale Ausstrahlung (Switch-up) bis 2010 erfolgen. Auf den Frequenzen von bisher sechs Programmen finden bei DVB-T (Digital Video Broadcasting-Terrestrial) bis zu 30 Sender Platz (Karstens/Schütte 2005, S. 315).

Analoger und digitaler Kabelrundfunk

Kabelrundfunk ist durch die kabelgebundene Übertragung der Signale gekennzeichnet. Technisch gesehen erfolgt die analoge Übertragung über die gleichen elektromagnetischen Trägerwellen wie beim terrestrischen Rundfunk. Dazu sind geschlossene Kabelnetze notwendig: von den Kabelkopfstationen bis zur Eingangsbuchse am Endgerät (Radio oder Fernseher). Derzeit werden ca. 56 % aller Fernsehhaushalte über einen Kabelanschluss (Abbildung 1) mit bis zu 35 analogen Programmen versorgt.

Die **Vorteile** eines Kabelanschlusses liegen **für den Rezipienten** in technischer Hinsicht vor allem in der geringen Störanfälligkeit des Signals. Außerdem besteht eine relativ große Auswahl an Voll- und Spartenkanälen. Es ist möglich, verschiedene Geräte parallel zu nutzen. Über einen einzigen Anschluss können mit dem Fernseher, dem DVD- oder Videorekorder unterschiedliche Programme zeitgleich gesehen oder aufgezeichnet werden. Der Empfang ist mit den vorhandenen Geräten leicht zu realisieren. **Nachteilig** für den **Rezipienten** sind die monatlich anfallenden Gebühren für den Kabelanbieter (ca. 20-30 Euro) sowie die für weitere Geräteanschlüsse zu verlegenden Kabel.

Mit der Nutzung digitaler Programme entsteht für bereits angeschlossene Haushalte zusätzlicher Aufwand. Für den Empfang und die Umwandlung der digitalen Signale müssen vorhandene Geräte jeweils eigene Set-Top-Boxen erhalten. Der Anschluss weiterer Geräte erfordert eine digitale Verkabelung. Bisher sind nur sehr wenige Haushalte mit einem Digital-Receiver ausgestattet.

Die analoge Kabelverbreitung bietet **werbefinanzierten Rundfunkunternehmen** eine garantierte Reichweite. Darüber hinaus ist das konkurrierende Angebot nicht so groß wie im Satellitenbereich, d. h. weniger Kanäle teilen sich die Aufmerksamkeit der Rezipienten. Die **Nachteile** bestehen für private Fernsehunternehmen, neben den Kosten für die Einspeisung, in dem durch die Landesmedienanstalten gesteuerten Zugang. Bei 35 bis 37 zur Verfügung stehenden Kanälen bekommt nicht jeder nachfragende Sender Kapazitäten zugeteilt.

Der größte **Kabelnetzbetreiber** ist derzeit Kabel Deutschland. Daneben existieren weitere vorrangig regionale Kabelgesellschaften, wie Kabel & Medien Service (München), NetCologne (Köln) oder telecolumbus (bundesweit). Alle Betreiber von Kabelnetzen verstärken gegenwärtig den Ausbau des digitalen Angebots.

Die Kabelnetzbetreiber verändern die Struktur der Netze. Sie reduzieren die Zahl der Einspeisepunkte (Kopf-stellen) und vergrößern damit die technischen Reichweiten der eingespeisten Programme, steigern aber die Einspeisekosten pro Sender. Der veränderte Zuschnitt der Kabel-Verbreitungsgebiete entspricht meist nicht den bestehenden Verbreitungsgebieten der Programmanbieter, die lokal, regional oder landesweit geprägt sind. Die betroffenen Rundfunkanbieter müssen höhere Entgelte an die Kabelnetzbetreiber zahlen, ohne ein größeres Publikum zu erreichen (Böckelmann 2006, S. 91).

Analoger und digitaler Satellitenrundfunk

Die Verbreitung analoger Signale über Satellit ist ein Auslaufmodell. Analoge Satellitenreceiver werden nicht mehr verkauft, dennoch nutzen derzeit ca. 43 % der Fernsehhaushalte analoges Satellitenfernsehen (Abbildung 1). Sie empfangen die Programme vorrangig über die Satelliten des Marktführers Astra oder des stärksten Konkurrenten Eutelsat.

Der Empfang von Hörfunk- und Fernsehprogrammen ist für den Nutzer mit relativ geringen Anschaffungs- und Installationskosten für die Satellitenempfangsanlagen verbunden. Weitere Kosten fallen im Gegensatz zum Kabelempfang nicht an. Die Satellitenübertragung gewährleistet eine gute Empfangsqualität, die jedoch durch Gewitter beeinträchtigt werden kann. Sie bietet eine gegenüber dem Kabelempfang große Auswahl an Sendern. Diese **Vorteile** haben dazu geführt, dass der Empfang über Satellit, trotz störender Parabolantennen und für jedes Endgerät separat zu verlegender Leitungen, eine weite Verbreitung gefunden hat.

Die Aufwendungen für die Nutzung der Technik, in Form zu entrichtender Übertragungsentgelte, liegen vollständig auf der Seite des Senders. Dafür gibt es aber praktisch keine Zugangsbeschränkungen oder Kapazitätsgrenzen. Selbst auf analoger Ebene wird derzeit noch eine sehr hohe Empfangbarkeit garantiert. Diese Empfangbarkeit führt aber nicht zwangsläufig zur Nutzung durch die Zuschauer. Satellitenreceiver erhalten ab Werk eine bestimmte Programmbelegung, die sich an den Empfangsregionen und der Senderrelevanz zum Zeitpunkt der Herstellung orientiert. In Deutschland bedeutet das: Auf den ersten Plätzen sind automatisch die öffentlich-rechtlichen und die bekannteren privaten Sender zu finden. Sender, die später hinzugekommen sind, werden automatisch weiter hinten programmiert. Bekommt ein Sender auf diese Weise einen Platz im dreistelligen Bereich, so scheidet er automatisch aus dem Zapping-Verhalten der Zuschauer aus (Karstens/Schütte 2005, S. 314). Der Sender arte verzeichnete eine Halbierung des Marktanteils, nachdem der Wechsel auf den analogen Astra Transponder stattgefunden hatte und Gewohnheitsseher den Sender nicht fanden. Daraufhin startete arte im Jahr 2003 die Kampagne „arte auf 8 umlegen".

Im **Hörfunkbereich** wird die Satellitenübertragung bislang im Vergleich zum TV-Bereich relativ gering genutzt. Wenige private Rundfunkunternehmen verfügen über eine Satellitenlizenz. Die Ursache liegt in den Transpondermieten von mehreren Millionen Euro.

Die Verbreitung der Angebote über den digitalen Satellitenweg erfährt aufgrund der technologischen Entwicklung und der damit zusammenhängenden steigenden Nachfrage nach qualitativ hochwertiger Übertragung ein stetiges Wachstum. Die zu entrichtenden Entgelte verringern sich für die Rundfunkunternehmen mit der digitalen Übermittlung auf 10 bis 20 % der analogen Ausstrahlung, da auf der Bandbreite eines analogen Programms vier oder mehr digitale Programme verbreitet werden können (Karstens/Schütte 2005, S. 315).

13.2 Digitalisierung der Distribution

Die in Kapitel 13.1 beschriebenen Nachteile der analogen Distribution haben zur Entwicklung und Einführung effizienterer digitaler Übermittlungstechnologien geführt.

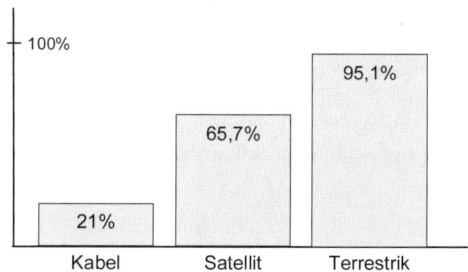

Abbildung 2: Prozentuale Digitalisierung der Übertragungswege 2008 (www.mediendaten.de)

Anfang 2009 verfügten bereits 34,6 % aller Fernsehhaushalte über einen Digitalreceiver, und der Marktanteil der digitalen TV-Nutzung betrug bereits 27,2 % (www.mediendaten.de 2009).

Die Umstellung der Distributionswege von analoger auf digitale Signalübertragung führt zur **Digitalisierung** der Rundfunklandschaft. Die Digitalisierung bietet verbesserte Möglichkeiten der **Datenreduktion**, eine **bessere Bild- und Tonqualität** und eine bidirektionale Kommunikation zwischen Sender und Empfänger, welche **Interaktivität** gestattet.

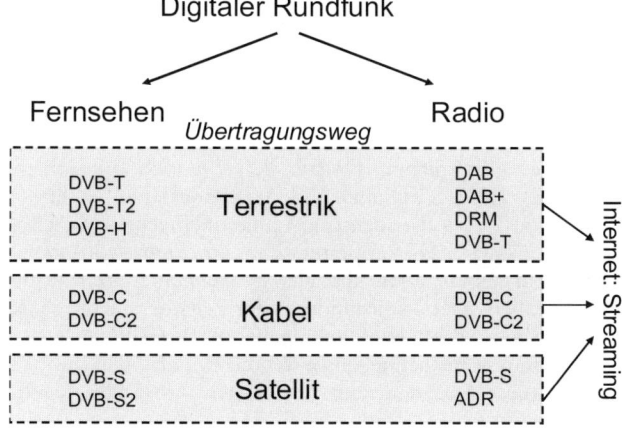

Abbildung 3: Gegenwärtige Standards im digitalen Rundfunk und TV

Der gegenwärtig zu beobachtende Wandel umfasst die gesamte Rundfunkdistribution – von der Aufzeichnung bis zum Empfang der Programme. Es existieren bereits für alle drei genannten Übertragungskanäle standardisierte digitale Übertragungsprotokolle. Abbildung 3 bietet einen Überblick über die gegenwärtig genutzten und in Entwicklung befindlichen Standards für digitalen Rundfunk in Deutschland.

Digitales Fernsehen

Die Übertragung von Fernsehprogrammen mit digitalen Sendeverfahren erfolgt auf allen drei möglichen Übertragungskanälen (Abbildung 3). Das Ausmaß der Nutzung durch die Zuschauer wird durch die Reichweiten, aber auch durch eventuelle Anschaffungs- und Installationskosten determiniert.

Für **DVB-T** (Digital Video Broadcasting-Terrestrial) werden die gleichen Übertragungsfrequenzen wie für den analogen Rundfunk genutzt. Die Übermittlung erfolgt jedoch effizienter (vgl. Kapitel 13. 1). In Deutschland sind aktuell ca. 30 verschiedene TV-Program-me empfangbar. DVB-T ermöglicht den Aufbau von Gleichwellennetzen durch das Verschalten von mehreren Sendern. So kann die Versorgung eines größeren Gebietes abgedeckt werden. Allerdings verzichten private Sender in einigen Regionen aus Kostengründen auf die Nutzung von DVB-T.

Zuschauer, die über eine Set-Top-Box mit eingebauter Festplatte verfügen, können Sendungen, die über DVB-T empfangen werden, verlustfrei aufzeichnen. Für Computer gibt es bereits Steckkarten, die den Empfang und mit zugehöriger Software sogar die Aufzeichnung von Sendungen ermöglichen. DVB-T liefert jedoch eine schlechtere Bildqualität als DVB-S (Digital Video Broadcasting-Satellite) oder DVB-C (Digital Video Broadcasting-Cable). Schlechtes Wetter, Störsignale oder schlechter Empfang können Signalstörungen und -aussetzer verursachen. Diese digitalen Störungen führen zu plötzlichen Bildausfällen oder –stillständen oder zeigen sich durch Klötzchenbildung (beim Bild) bzw. unangenehm lautes Knacken (beim Ton). Insbesondere bei schnellen bewegten Bildern, wie Fußballspielen, kommen diese Nachteile zum Tragen (Karstens 2006, S. 39).

Eine deutliche Verbesserung der Qualität soll durch den weiterentwickelten Standard **DVB-T2** erreicht werden. Auch wenn diese Übertragung wahrscheinlich kostengünstiger für die einspeisenden Sender wird, so ist zu erwarten, dass seitens der Zuschauer neue Hardware erforderlich ist.

Über **DVB-H** (Digital Video Broadcasting-Handheld) wird der Empfang digitaler Rundfunkprogramme auf kleinen bzw. mobilen Geräten ermöglicht. Das Signal wird ebenfalls terrestrisch ausgesendet. Diese Übertragung steht jedoch in Deutschland vor dem Scheitern, da zwischenzeitlich bereits Mobiltelefone erhältlich sind, die DVB-T empfangen können.

Bei der Nutzung von **DVB-C** (Digital Video Broadcasting-Cable) hängt die Qualität des übermittelten Signals vorrangig von der des Ausgangsmaterials ab. Die Signale werden meist unter Nutzung des MPEG-2 (Motion Picture Experts Group-2) Standards (für Video- und Audiokompression) verdichtet. Gegenwärtig wird an der Weiterentwicklung DVB-C2 gearbeitet, die große Nähe zu DVB-T2 aufweisen soll.

DVB-S wird für die Verbreitung der Programme über Satellit eingesetzt, welche sich durch eine große Datenübertragungsrate auszeichnet. Die Satelliten von Astra oder Eutelsat übertragen mehr als 350 TV-Sender (www.ses-astra.com). Sie werden auch als Zwischenlieferant für DVB-C und DVB-T genutzt. Bisher gibt es nur wenige Haushalte, die digitales Fernsehen direkt empfangen können. Es wird ein Digitalreceiver benötigt. Der DVB-S2-Standard stellt eine Verbesserung und Weiterentwicklung dar, welche die Datenrate deutlich steigern soll.

Digitaler Hörfunk

Die digitale Übermittlung (Gleichwellentechnik) gestattet es, eine große Anzahl von Rundfunkprogrammen auf einer Frequenz auszustrahlen. Ein weiterer Vorteil besteht darin, dass der Sender „mehr als Radio", d. h. zusätzliche Leistungen, bieten kann. Parallel zum Audioprogramm können Bilder, Daten, Texte verbreitet werden. Außerdem ist es möglich, einen Rückkanal zu nutzen, der Interaktivität im Programm erlaubt.

Für die Übermittlung von digitalem Hörfunk auf den dargestellten Übertragungskanälen (Abbildung 3) wurden bisher unterschiedliche, oft nicht kompatible Verfahren, entwickelt. Auf terrestrischem Weg sind über **DAB** (Digital Audio Broadcasting) derzeit ca. 120 Radiosender (teilweise nur lokal) in CD-Qualität zu empfangen. Zusätzlich können programmbegleitende Informationen und programmunabhängige Serviceleistungen (Wetter, Verkehrshinweise, Veranstaltungstipps) gesendet werden. Es besteht die Möglichkeit, auf einem Bildschirm am Empfangsgerät neben Texten auch Bilder und Grafiken darzustellen. Da die meisten Sender auch auf UKW ausstrahlen, erscheint DAB für die Hörer derzeit noch wenig attraktiv. Das verbesserte DAB+ liefert eine bessere Tonqualität, kann aber mit alten DAB Receivern nicht empfangen werden.

Der mobile Empfang von digitalen Radiosendern auf Lang-, Mittel- und Kurzwelle ist durch **DRM** (Digital Radio Mondiale) möglich. Dessen nächste Version DRM+ befindet sich in der Entwicklung und soll ein Nebeneinander analoger und digitaler Signale ermöglichen.

Mittels DVB-T können auf dem Platz von einem Fernsehkanal bis zu 50 Radioprogramme stationär empfangen werden. Das Hören im Autoradio ist nicht möglich, da für den Empfang auf diesem Weg eine Set-Top-Box am Fernsehgerät genutzt werden muss.

Die Existenz unterschiedlicher **Standards** im digitalen Hörfunk ist problematisch. Es bleibt abzuwarten, ob sie weiterhin nebeneinander existieren oder verschmelzen oder ob es Universalempfänger geben wird, die für alle digitalen Standards ausgelegt sind.

Nur wenige private digitale Hörfunkprogramme werden bislang unter Nutzung von DVB-C zusammen mit Fernsehangeboten über das Kabelnetz übertragen. Diese sind grundverschlüsselt, so dass zum Empfang neben der Set-Top-Box eine Smartcard erforderlich ist. Deshalb sind die meisten terrestrisch empfangbaren Sender nicht digital im Kabelnetz verfügbar. Über 100 digitale Hörfunkprogramme werden mittels DVB-S gemeinsam mit Fernsehprogrammen über Satellit übertragen. Trotzdem ist die Nutzung dieser Programme gering, da bisher keine Geräte DVB-S direkt empfangen können. Die Verbreitung über ADR (Astra Digital Radio) stellt ein zum Jahr 2010 auslaufendes Angebot dar.

Internet

Rundfunkunternehmen müssen zunehmend mehrere Distributionskanäle nutzen, um mit ihren Programmen die Rezipienten zu erreichen. Die Notwendigkeit zum **Multi-Channel-Marketing** ergibt sich aus den Ansprüchen der Zuschauer und Hörer an die Verfügbarkeit der Programme, unabhängig von Ort und Zeit (Gläser 2008, S. 546). Die Vielfalt der einsetzbaren Medien gestattet den Rundfunkunternehmen eine umfassende Ansprache, Einbindung und auch Lenkung des Rezipienten, z. B. wenn Bilder aus dem Sendestudio über die Website des Senders zu empfangen sind.

Das Internet bietet neue Möglichkeiten der Verbreitung von Rundfunkprogrammen durch Streaming. Beim **Streaming** werden, im Gegensatz zum herkömmlichen Rundfunk (Broadcasting), die Inhalte nur auf Anforderung direkt an den Empfänger gesendet. Die **Vorteile** dieses Übertragungsweges liegen in der weiten, dem Internet entsprechenden, Verbreitung sowie in der sehr großen Auswahl an Sendern. Andererseits sind die Kosten für die Einspeisung des Programms auf der Seite des Rundfunkunternehmens gering. Für den Hörfunkempfang sind im Handel bereits Internetradiogeräte erhältlich.

Gebräuchlich ist mittlerweile die simultane Verbreitung auf terrestrischen Frequenzen und im Internet (**Simulcasting**). Darüber hinaus bieten viele Radiosender den Hörern die Möglichkeit, über das Internet gezielt bereits ausgestrahlte Sendungen abzurufen (**on-demand-streaming**) oder ausgewählte Sendungen auf ihre Audioplayer zu laden (**podcasting**). Simulcasting erweitert den obligatorischen Internetauftritt von Radiosendern. Die Website ist eine kostengünstige Plattform zur Selbstdarstellung, Programmunterstützung, für Veranstaltungshinweise und Sonderwerbeformen des Senders. Zusätzlich entspricht sie dem Wunsch der Werbungtreibenden nach verbesserten Kontaktchancen mit bestimmten Zielgruppen.

Reine **Webradios** unterscheiden sich von den Livestream-Angeboten lizenzierter Rundfunksender. Beim **Web/Netcasting** existiert keine Frequenzknappheit. Die Akteure haben eine größere Gestaltungsfreiheit. Sie erreichen jedoch meist nur eine geringe Hörerzahl. Für das Radiounternehmen ist dieser Übertragungsweg kostenintensiv, da für das übertragene Datenvolumen gezahlt werden muss. Erst ab einer Bitrate von 128 kBit/s ist eine relativ gute Qualität, z. B. für Musikaufzeichnungen, möglich. Viele Streaming-Formate und Kompressionsverfahren (z. B. mp3, RealAudio, Quicktime) erfordern jeweils einen eigenen Player.

13.3 Distribution im Werbemarkt

Der Schwerpunkt distributionspolitischer Aktivitäten werbefinanzierter Rundfunksender liegt im Werbemarkt auf der **akquisitorischen Distribution**. Entscheidungen zur Wahl der Absatzwege und zum

Management des Vertriebs prägen die auf diesem Markt ausgerichtete Distributionspolitik. Sie muss sicherstellen, dass die angebotene Werberaumleistung des werbefinanzierten Rundfunkunternehmens von Werbungtreibenden nachgefragt wird.

Der Vertrieb von Werbezeiten kann auf den in Abbildung 4 dargestellten Wegen erfolgen. Grundsätzlich hängt die **Wahl des Absatzweges** sowohl von der Größe und Ausrichtung des Senders als auch von der angestrebten Zielgruppe der Werbungtreibenden ab. Darüber hinaus ist zu beachten, dass Werbezeit ein Erfahrungsgut ist, dessen Qualität erst nach Inanspruchnahme eingeschätzt werden kann. Somit muss einem gegebenenfalls großen Erklärungsbedarf seitens der Kunden Rechnung getragen werden.

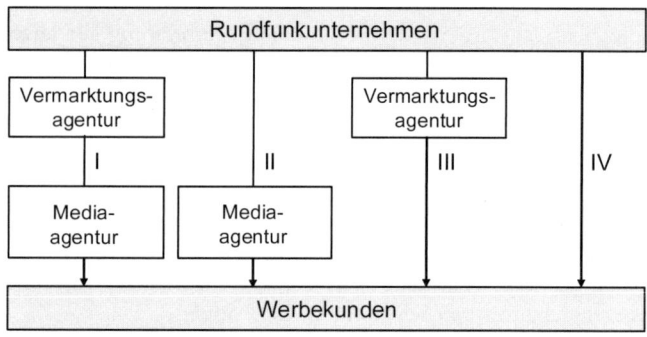

Abbildung 4: Mögliche Absatzwege eines Rundfunkunternehmens

Werbefinanzierte Rundfunkunternehmen nutzen für den Vertrieb ihrer werbemarktbezogenen Leistungen vorrangig den **direkten Absatzweg**. Die landesweite Vermarktung ihrer Werbezeiten erfolgt überwiegend über den, in Abbildung 4 mit „I" gekennzeichneten, Absatzweg. Sowohl im Fernseh- als auch im Hörfunkbereich existieren große Vermarktungsagenturen, welche jeweils für mehrere private Rundfunkveranstalter die Werbezeiten verkaufen und den organisatorischen Teil der Buchung übernehmen.

In der Fernsehbranche haben sich in Deutschland die folgenden zwei großen **Vermarktungsagenturen** etabliert, die ca. 80 % des gesamten Fernsehwerbemarktes abdecken:

- IP Deutschland ist eine Tochtergesellschaft von RTL. Sie vermarktet RTL, VOX, Super RTL und n-tv.

- SevenOne Media übernimmt als Tochtergesellschaft der Prosieben Sat.1 Media AG, die Vermarktung der TV-Sender ProSieben, Sat.1, Kabel 1 und N24.

Die Struktur der angebotenen Senderportfolios beider Vermarkter ist nahezu identisch. Neben zwei Sendern mit Vollprogramm bieten sie einen Unterhaltungssender und einen Nachrichtenkanal. Die Programme stehen im Portfolio eher komplementär als konkurrierend nebeneinander. Aufgrund des großen Spektrums an Formaten können nen die beiden Vermarkter fast alle Ansprüche der Werbungtreibenden erfüllen, da nahezu alle Zielgruppen abgedeckt werden.

Die nationale Vermarktung des privaten Hörfunks wird von der Vermarktungsagentur RMS (Radio Marketing Service) dominiert. Sie vermittelt die Werberaumleistung von mehr als 140 privaten Radiosendern (www.rms.de). Kleinere bzw. lokal tätige Hörfunk- und Fernsehsender wickeln den Verkauf ihrer Werbezeiten entweder in direktem Kontakt mit einer Mediaagentur (siehe Abbildung 3: Weg II) oder über eine Vermarktungsagentur (Weg III) ab. Diese bietet den werbungtreibenden Unternehmen die Leistungen einzelner Sender oder auch so genannte Radiokombis an (Dreßler 2007, S. 114). So vermittelt die mir.) Marketing im Radio GmbH & Co KG Werbezeiten der privaten Hörfunksender in Sachsen und Thüringen, während El Cartel Media die Werberaumleistung des TV-Senders RTL2 vermarktet.

Kleinere werbefinanzierte Fernsehsender vertreiben ihre Werbezeiten meist selbst (Weg IV). Beim Fernsehsender DMAX können potenzielle Werbekunden in direkten Kontakt zu den Verkäufern der Werbeformen treten. So bleibt der größere Teil der Werbeerlöse beim Sender, da keine Provision an die Agentur zu zahlen ist. Die Verkäufer, die im Vertrieb des Senders arbeiten, vertreten unmittelbar die Interessen ihres Arbeitgebers. Der direkte Kundenkontakt gewährleistet neben einer individuellen Behandlung der Werbekunden unmittelbare Rückkopplungen aus dem Werbemarkt.

Grundsätzlich ist der direkte Absatz ohne zwischengeschaltete Absatzhelfer vor allem für Spartensender empfehlenswert, da sie auf diesem Weg ihre Fachkompetenz besser herausstellen und die Akquise, z. B. von Spezialanbietern, zielgerichteter gestalten können (Karstens/Schütte 2005, S. 263 f.).

Die **Mediaagenturen** kaufen die Werbezeiten von den Vermarktungsagenturen oder direkt von den Sendern. Sie planen und kontrollieren Werbung in Radio und Fernsehen und handeln im Auftrag ihrer Werbekunden. Für ihre Tätigkeit erhalten sie von den Rundfunkunternehmen Provisionen von ca. 15 %, die sie oft zum größten Teil an die werbungtreibenden Kunden weitergeben. Die Einkaufsmacht der Agenturen gegenüber den Rundfunkunternehmen wächst mit deren Größe (Dreßler 2007, S. 114). Nach Fusionen in den zurückliegenden Jahren sind große Agenturen entstanden (Tabelle 2), welche die Werbevolumina der werbungtreibenden Unternehmen bündeln bzw. verteilen und eine starke Nachfragemacht ausüben.

Tabelle 2: Deutschlands größte Media-Agenturen (www.horizont.net 2009)

Media-Holding	Zugehörige Agenturen	Billings in Mio Euro	Marktanteil in Prozent
Group M	Maxus, Mediacom, Mediaedge CIA, Mindshare	4196	27,3
Aegis Media	Carat, Vizeum, HMS, Dr. Pichutta	2049	13,3
Omnicom Media Group	OMD, PHD	2032	13,2
Publicis VivaKi	Starcom, Zenith Optimedia	1427	9,3
Interpublic	Initiative, Universal McCann	801	5,2

Werbungtreibende liefern den Mediaagenturen meist nur ein kurzes Briefing, in dem sie ihre Wünsche hinsichtlich einer Kampagne formulieren. Die Mediaagenturen sind in der Lage, aufgrund ihres planerischen Know-hows Werbezeiten möglichst effizient zu buchen.

Die zentralen Entscheidungsfelder der Distributionspolitik eines werbefinanzierten Rundfunkunternehmens liegen, neben der Auswahl der Absatzwege, im **Management des Vertriebssystems**.

Unabhängig davon, auf welchem der in Abbildung 4 dargestellten Absatzwege die Werberaumleistungen an die werbungtreibenden Kunden vermittelt werden, ist zu klären, wer innerhalb des Unternehmens für den Vertrieb zuständig ist und wie die Vertriebsaktivitäten ausgestaltet werden. Einzelne Mitarbeiter können im Auftrag des Unternehmens als **Reisende** Kontakte zu Kunden pflegen, oder eine **eigene Verkaufsabteilung** bildet die organisatorische Vertriebseinheit (Nieschlag et al. 2002, S. 884). Diese Verkäufer sind Ansprechpartner und Servicedienstleister. Sie unterstützen die Kunden bei der Auftragsabwicklung und der Optimierung ihrer Buchungen. Weiterhin erläutern sie Änderungen der Preise bzw. des Programms und versuchen, Kunden für neue Projekte zu gewinnen. Da sie zwischen Kunde und Programmangebot vermitteln, müssen sie sowohl die Anforderungen der Kunden als auch des eigenen Senders berücksichtigen.

Werbekunden weisen unterschiedliche Abnahmepotenziale auf, so dass eine kundenorientierte Organisation des Verkaufs sinnvoll ist. Für den Kontakt zu Mediaagenturen und wichtigen Kunden ist **Key-Account-Management** (Schlüsselkundenbetreuung) empfehlenswert. Es dient dazu, ein umfassendes Kundenverständnis zu erlangen. Das unkoordinierte Auftreten verschiedener Mitarbeiter des Unternehmens gegenüber den Werbekunden wird vermieden. Die optimale Zusammenarbeit festigt die Kundenbeziehung und sichert den wirtschaftlichen Erfolg des werbefinanzierten Rundfunksenders (Homburg/Krohmer 2006, S. 372).

Im direkten persönlichen Verkauf werden Werbekunden bzw. potenzielle Aufträge durch unmittelbare, nicht mediale Einwirkung auf potenzielle und tatsächliche Abnehmer, akquiriert (Nieschlag et al. 2002, S. 485). Neben dieser Kontaktform, die sich vor allem für erste Beratungsgespräche eignet, ist auch der persönliche mediale Kontakt zum Kunden denkbar. Er kann per Telefon sowohl proaktiv (zur Anbahnung eines Abschlusses) oder reaktiv (Aufnahme und Abwicklung einer Bestellung des Kunden) erfolgen. Der unpersönliche mediale Kontakt bzw. Verkauf, z. B. über das Internet, wird sich zukünftig weiter etablieren. Er sollte jedoch aufgrund der Erklärungsbedürftigkeit der Buchung von Werbezeit den versierten Kunden vorbehalten bleiben.

Die **Werbezeitendisposition** sorgt für die gesamte organisatorische Abwicklung der Buchungsaufträge. Sie befindet sich täglich in direktem Kontakt mit den Kunden. Da sie ein Aushängeschild des Senders ist, muss sie dafür sorgen, dass alle Vereinbarungen eingehalten und zuverlässig umgesetzt werden.

Zur Flexibilisierung des Verkaufs und der Disposition von Werbezeiten wird zunehmend der Einsatz computergestützter Buchungs- und Informationssysteme nötig. Diese ermöglichen eine bessere Anpassung der Werbeleistung an die Bedürfnisse des Werbekunden. So stellt RMS gemeinsam mit AS&S seit 2005 das Planungstool Radio-Xpert zur Verfügung, mit dem die Mediaagentur oder der Werbungtreibende ihre Radiowerbung in Deutschland selbständig planen kann (www.radioxpert.de).

Eine absatzfördernde Wirkung geht sowohl von der akquisitorischen als auch von der **physischen Distribution** aus. Ihre Entscheidungsfelder liegen im werbefinanzierten Rundfunk vorrangig in der Sicherstellung von kurzen Lieferzeiten und großer Servicebereitschaft. Logistische und **technische Aufgaben** stehen deshalb im Vordergrund. So werden eingehende Werbespots hinsichtlich des Inhalts und der Qualität überprüft, um eventuell erforderliche Nachbearbeitungen durchzuführen, ehe die Zusammenstellung der Spots zu Werbeblöcken erfolgt (Wirtz 2006, S. 399). Es ist eine enge Zusammenarbeit mit der Werbedisposition erforderlich, da Kunden aufgrund aktueller Entwicklungen laufend vermeintlich unattraktive Werbezeiten stornieren bzw. attraktivere hinzubuchen. Nur die optimale Verzahnung beider Entscheidungsfelder der Distributionspolitik gewährleistet die Verfügbarkeit der Werberaumleistungen im Sinne der werbungtreibenden Wirtschaft.

Aufgaben

1. Grenzen Sie die Entscheidungsbereiche der akquisitorischen und physischen Distribution eines privaten Rundfunksenders voneinander ab!

2. Erläutern Sie die Unterschiede zwischen direktem und indirektem Absatz! Begründen Sie, welcher Absatzweg von privaten Rundfunkunternehmen bevorzugt wird!

3. Skizzieren Sie die möglichen Absatzwege für die Werberaumleistung eines werbefinanzierten Rundfunkunternehmens!

4. Erläutern Sie die unterschiedlichen Übertragungswege für Rundfunksignale!

5. Grenzen Sie analoge und digitale Technik voneinander ab!

6. Beschreiben Sie die wesentlichen Entwicklungen im Zusammenhang mit der Digitalisierung der Rundfunkübertragung!

Literatur

Becker, J.: Marketing-Konzeption: Grundlagen des zielstrategischen und operativen Marketing-Managements, 8., überarb. Aufl., München 2006

Böckelmann, F.: Hörfunk in Deutschland – Rahmenbedingungen und Wettbewerbssituation, Bestandsaufnahme, Berlin 2006

Dreßler, R.: Geschäftsmodelle im Hörfunk am Beispiel von Bayern 3, in: Werner. C.: Handbuch Medienmanagement, München 2007

Gläser, M.: Medienmanagement, München 2008

Homburg, C./Krohmer, H.: Grundlagen des Marketingmanagements, Wiesbaden 2006

Karstens, E.: Fernsehen digital – Eine Einführung, Wiesbaden 2006

Karstens E./Schütte: Praxishandbuch Fernsehen, Wiesbaden 2005

Meffert, H./Burmann, C./Kirchgeorg, M.: Marketing – Grundlagen marktorientierter Unternehmensführung, 10. vollst. überarb. u. erw. Aufl., Wiesbaden 2008

Nieschlag, R./Dichtl, E./Hörschgen, H.: Marketing, Berlin 2002

Pepels, W.: Einführung in das Distributionsmanagement, 2., völlig überarb. Aufl., München/Wien 2001

Schumann, M./Hess, T.: Grundfragen der Medienwirtschaft, 3., aktual. u. überarb. Aufl., Berlin/Heidelberg 2006

Wirtz, B. W.: Medien- und Internetmanagement, 5., überarb. Auflage, Wiesbaden 2006

Links

www.digitalfernsehen.de

www.digitalradio.de

www.horizont.net: Portal für Marketing, Werbung und Medien

www.mediendaten.de: Mediendaten Südwest; Aktuelle Basisdaten zu TV, Hörfunk, Print, Film und Internet

www.radioxpert.de

www.rms.de: Radio Marketing Service

www.ses-astra.com

Stichwortverzeichnis

Roland Helm

Marketing

Strategische Analyse und marktorientierte Umsetzung

8.,völlig neu bearb. Aufl.

(Grundwissen der Ökonomik BWL)

2009. XXII/477 S., kt. € 26,90. UTB 919. ISBN 978-3-8252-0919-3

Die 8. Auflage folgt ausgehend von grundlegenden Erkenntnissen zur marktorientierten Unternehmensführung dem typischen Ablauf des Marketingplanungsprozesses und dessen konkreter Umsetzung. Entsprechend der Bedeutung eines fundierten Verständnisses über Zustandekommen und Beeinflussungsmöglichkeiten von Kaufentscheidungen, der Konkurrenzbedingungen sowie deren Integration in einen stringenten Analyse- und Planungsprozess wird diesem Teil eines anwendungsorientierten Marketing ein großer Raum zugebilligt. Es folgen Ausführungen zur strategischen und operativen Umsetzung in einem erweiterten Marketing-Mix.

Die Zielgruppe sind Studierende wirtschaftswissenschaftlicher Studiengänge und Praktiker, die sowohl ein wissenschaftlich fundiertes, aber auch umsetzungsorientiertes Buch benötigen. Eine kompakte Lehr- und Lerneinheit wird durch die Kombination mit dem entsprechenden Arbeitsbuch geboten.

Inhaltsübersicht:

 *Stuttgart*